建筑工程项目管理标准化丛书

U0157706

施工质量管理与
细部节点做法标准化

兰州市建筑业联合会　组织编写

安永胜　刘建军　王　乾　汪　军　主编

中国建筑工业出版社

图书在版编目（CIP）数据

施工质量管理与细部节点做法标准化／兰州市建筑
业联合会组织编写；安永胜等主编. — 北京：中国建
筑工业出版社，2022.5（2023.10重印）
（建筑工程项目管理标准化丛书）
ISBN 978-7-112-27366-9

Ⅰ. ①施… Ⅱ. ①兰… ②安… Ⅲ. ①建筑工程-工
程质量-质量管理 Ⅳ. ①TU712.3

中国版本图书馆 CIP 数据核字（2022）第 079850 号

　　本书为施工质量管理与细部节点做法标准化的指导用书，共 2 篇 14 章，
上篇是施工质量管理，包括总则、行为准则、工程实体质量控制、建筑工程质
量验收管理、工程竣工验收及备案、质量管理资料、建筑工程档案编制、建设
工程档案管理与归档文件质量要求；下篇是在质量管理基础上结合创优项目的
标准对重点部位细部节点做法做了具体的介绍。

　　本书细化国家有关标准要求，内容实用，指导性强。可供广大建筑施工企
业的管理人员和技术人员阅读使用。

责任编辑：范业庶
策划编辑：沈文帅
责任校对：赵　菲

建筑工程项目管理标准化丛书
施工质量管理与
细部节点做法标准化
兰州市建筑业联合会　组织编写
安永胜　刘建军　王　乾　汪　军　　主编

*

中国建筑工业出版社出版、发行(北京海淀三里河路 9 号)
各地新华书店、建筑书店经销
北京鸿文瀚海文化传媒有限公司制版
建工社（河北）印刷有限公司印刷

*

开本：787 毫米×1092 毫米　1/16　印张：16¼　字数：395 千字
2022 年 6 月第一版　　2023 年 10 月第三次印刷
定价：65.00 元
ISBN 978-7-112-27366-9
（38898）

丛书编写委员会

编委会主任：赵　强　冯勇慧　范效彩　汪　军

编委会副主任：李　明　刘建军

编写总策划：安永胜

主　编　单　位：

中建三局集团有限公司西北分公司

中建五局第三建设有限公司

中国建筑第八工程局有限公司西北公司

甘肃第四建设集团有限责任公司

甘肃第六建设集团股份有限公司

甘肃第七建设集团股份有限公司

甘肃伊真建设集团有限公司

甘肃华成建筑安装工程有限责任公司

参　编　单　位：

甘肃安居建设工程集团有限公司

甘肃金恒建设有限公司

编　写　人　员：

安永胜　汪　军　刘建军　王　乾

李　明　刘怀良　米万东　林景祥

周苗兰　罗　宁　杨　荣　万　超

张　扬　刘智勇　张鹏海

审 核 人 员：

杨雪萍　滕兆琴　常自昌　冯建民
张敬仲　哈晓春　宋小春　滕映伟
吴小燕　司拴牢　鲁相俊　刘广建
吴富明　满吉昌　肖　军

丛书前言

建设项目是施工企业的窗口，工程项目管理标准化是企业管理和争优创效的重要环节。在兰州市建筑业联合会组织的各类优秀项目观摩学习中，我们看到各施工企业都在学标准、建标准、用标准，努力实现项目管理标准化，提升地区建筑施工管理能力，成为我们编写标准化丛书的动力。

工程项目管理标准化是用标准化的规则把项目管理的成功做法和经验，在工程质量管理及细部节点做法、安全文明施工、作业机械、技术资料等方面实现由粗放式向制度化、规范化、标准化方式转变；成为企业扩大生产，规范运作的有力推手。达到完善企业质量安全管理体系，规范企业质量安全行为，落实企业主体责任，提高工程管理水平。

工程项目管理标准化在项目管理过程中具体表现为：**管理制度标准化、人员配备标准化、现场管理标准化、过程控制标准化。**是目前和今后一段时间企业管理的主题。纵观兰州地区各施工企业标准化的实施还是良莠不齐，或者只是某个方面某个环节在开展，没有形成配套的标准化。本标准化丛书的编写，对兰州地区建设施工项目管理具有重要的贡献，为会员单位提供了现场作业的具体标准、为施工管理人员提供了工作指南，对促进、规范、提升企业管理层次和发展有着重要的意义。

工程项目管理标准化，可以将复杂的问题程序化，模糊的问题具体化，分散的问题集成化，成功的方法重复化，实现工程建设各阶段项目管理工作的有机衔接，整体提高项目管理水平，为又好又快实施大规模建设任务提供保障。还可以通过总结项目管理中的成功经验和做法，有利于不断丰富和创新项目管理方法和企业管理水平。

工程项目管理标准化，可以对项目管理的成功经验进行最大范围内的复制和推广，搭建起项目管理的资源共享平台，可以在每个管理模块内制定相对固定统一的现场管理制度、人员配备标准、现场管理规范和过程控制要求等，最大限度地节约管理资源，减少管理成本。可以推行统一的作业标准和施工工艺，有效避免施工过程中的质量通病和安全死角，为建设精品工程和安全工程提供保障。

工程项目管理标准化，可以对项目管理中的各种制约因素进行预前规划和防控，有效减少各种风险，避免重蹈覆辙，可以建立标准的岗位责任制和目标考核机制，便于对员工进行统一的绩效考量。

前言

建筑产品"百年大计，质量第一"，质量是企业的生命、是效益的源泉。兰州市的工程质量通过近年来行业行政主管部门大力监督管理，不断规范整顿，工程实体质量已取得了明显提高。但目前工程质量总体水平与国内先进水平比较，还存在较大差距，由于建筑市场不规范，人员整体素质不高，管理力量不强，有些项目重经营、轻管理、重效益、轻质量，部分工程仍然存在较多质量通病，个别工程质量粗糙甚至还存在质量隐患，精品工程特色不突出，数量也不多。为了加强企业的项目管理，逐步消灭质量通病，规范现场施工操作，保证工程质量，不断推进企业工程质量水平的提高，以建设优质精品工程为目标，在兰州市建筑业联合会的组织下，来自甘肃省内外各施工单位、科研院校、行业主管部门等专家、教授共20人组成丛书编写委员会，研究工作，开拓思路，收集了大量的资料、图片，结合我市当前的实际情况，编制了建筑工程项目管理标准化丛书。

本书是建筑工程项目管理标准化丛书之一，力求通过这种形式，客观分析，找出差距，寻求办法，针对性地制定措施，真正标准化管理，带动兰州市工程项目管理整体水平的提高，实现企业工程项目管理工作目标。编委会在编写过程中吸收施工行业新技术、新材料、新机具、新工艺等先进实用成果的基础上，结合建筑行业的技术发展与本地区市场实际进行编写，作为企业施工项目技术交底和工程质量过程控制的主要依据。

本书以国家及行业现行的建筑设计、施工规范和规程、质量检验评定标准及相关文件为依据，借鉴本行业的部分相关成果，结合会员企业的制度等要求进行编写，重点突出，图文并茂，内容基本涵盖各责任主体质量行为和各专业施工过程质量控制。全书共2篇14章，上篇是施工质量管理（1~8章）由安永胜和汪军编写，下篇是重点部位细部节点做法（9~14章）由刘建军和王乾编写。

由于时间仓促和技术水平的限制，书中难免存在遗漏和欠妥之处，恳请大家提出宝贵意见和建议，以便今后修订。

目录

上篇　施工质量管理

下篇　重点部位细部节点做法

9

上篇

施工质量管理

1 总则

>>>

1.1 目的

工程质量管理标准化以提高建设工程质量管理水平为基点，完善企业质量管理体系，规范企业质量行为，全面落实项目管理责任制，保证建设工程质量，提高人民群众满意度，推动建筑业高质量发展。

在兰州市工程建设项目质量管理实践的基础上，本书借鉴和吸收了国内外较为成熟和普遍接受的工程项目质量管理理论和成果，使得整个内容既适应省内外工程建设的标准化需求，也适应兰州市企业进行国际建设工程项目管理的需求。

建立项目质量管理体系，明确组织各层次和人员的质量行为与工程实体质量标准，作为考核和评价项目管理成果的基本依据。

1.2 编制依据

1.2.1 法律法规

(1)《中华人民共和国建筑法》；
(2)《建设工程质量管理条例》；
(3)《建设工程勘察设计管理条例》；
(4)《生产安全事故报告和调查处理条例》。

1.2.2 部门规章

(1)《房屋建筑和市政基础设施工程施工图设计文件审查管理办法》（住房和城乡建设部令第 13 号）；
(2)《建筑工程施工许可管理办法》（住房和城乡建设部令第 18 号）；
(3)《建设工程质量检测管理办法》（建设部令第 141 号）；
(4)《房屋建筑和市政基础设施工程质量监督管理规定》（住房和城乡建设部令第 5 号）；
(5)《住房和城乡建设部关于修改〈房屋建筑工程和市政基础设施工程竣工验收备案管理暂行办法〉的决定》（住房和城乡建设部令第 2 号）；
(6)《房屋建筑工程质量保修办法》（建设部令第 80 号）；
(7)《建筑施工企业安全生产许可证管理规定》（建设部令第 128 号）；

（8）《危险性较大的分部分项工程安全管理规定》（住房和城乡建设部令第 37 号）。

1.2.3 有关工程建设标准、规范及其他规范性文件

1.3 适用范围

适用于所有房屋建筑工程和市政基础设施工程，但抢险救灾及其他临时性房屋建筑和农民自建低层住宅的建设活动除外。

2 行为准则

➤➤➤

2.1 基本要求

（1）建设、勘察、设计、施工、监理、检测等单位依法对工程质量负责。

（2）勘察、设计、施工、监理、检测等单位应当依法取得资质证书，并在其资质等级许可的范围内从事建设工程活动。施工单位应当取得安全生产许可证。

（3）建设、勘察、设计、施工、监理等单位的法定代表人应当签署授权委托书，明确各自工程项目负责人。项目负责人应当签署工程质量终身责任承诺书。法定代表人和项目负责人在工程设计使用年限内对工程质量承担相应责任。

（4）从事工程建设活动的专业技术人员应当在注册许可范围和聘用单位业务范围内从业，对签署技术文件的真实性和准确性负责，依法承担质量安全责任。

（5）施工企业主要负责人、项目负责人及专职安全生产管理人员（以下简称"安管人员"）应当取得安全生产考核合格证书。

（6）工程一线作业人员应当按照相关行业职业标准和规定经培训考核合格，特种作业人员应当取得特种作业操作资格证书。工程建设有关单位应当建立健全一线作业人员的职业教育、培训制度，定期开展职业技能培训。

（7）建设、勘察、设计、施工、监理、监测等单位应当建立完善危险性较大的分部分项工程管理责任制，落实安全管理责任，严格按照相关规定实施危险性较大的分部分项工程清单管理、专项施工方案编制及论证、现场安全管理等制度。

（8）工程完工后，建设单位应当组织勘察、设计、施工、监理等有关单位进行竣工验收。工程竣工验收合格，方可交付使用。

2.2 质量行为要求

2.2.1 建设单位

（1）必须严格执行基本建设程序，坚持先勘察、后设计、再施工的原则。

（2）应当将工程发包给具有相应资质等级的单位。

（3）应当依法对工程建设项目的勘察、设计、施工、监理以及与工程建设有关的重要设备、材料等的采购进行招标。

（4）必须向有关勘察、设计、施工、监理等单位提供与建设工程有关的原始资料。原始资料必须真实、准确、齐全。

（5）国家规定必须实行监理的建设工程，应当委托具有相应资质等级的工程监理单位进行监理，也可以委托具有工程监理相应资质等级并与被监理工程的施工承包单位没有隶属关系或者其他利害关系的该工程的设计单位进行监理。

（6）未经总监理工程师签字，建设单位不拨付工程款，不进行竣工验收。

（7）应协调设计与施工单位，落实绿色设计或绿色施工的相关标准和规定，对绿色建造实施情况进行检查，进行绿色建造设计或绿色施工评价。

（8）在领取施工许可证或者开工报告前，按规定办理工程质量监督手续。

（9）不得肢解发包工程。即不得将应当由一个承包单位完成的建设工程分解成若干部分发包给不同的承包单位的行为。

（10）不得迫使承包方以低于成本的价格竞标，不得任意压缩合理工期。不得明示或者暗示设计单位或者施工单位违反工程建设强制性标准，降低建设工程质量。

（11）按规定委托具有相应资质的检测单位进行检测工作。

（12）组织设计单位应在各设计阶段申报相应技术审批文件，通过审查并取得政府许可。

（13）对施工图设计文件报审图机构审查，审查合格方可使用。施工图设计文件未经审查批准的，不得使用。

（14）对有重大修改、变动的施工图设计文件应当重新进行报审，审查合格方可使用。

（15）涉及建筑主体和承重结构变动的装修工程，建设单位应当在施工前委托原设计单位或者具有相应资质等级的设计单位提出设计方案；没有设计方案的，不得施工。

（16）提供给监理单位、施工单位经审查合格的施工图纸。

（17）组织图纸会审、设计交底工作。

（18）按合同约定，由建设单位采购的建筑材料、建筑构配件和设备的，保证质量应符合设计文件和合同要求。不得明示或者暗示施工单位使用不合格的建筑材料、建筑构配件和设备。

（19）不得指定应由承包单位采购的建筑材料、建筑构配件和设备，或者指定生产厂、供应商。

（20）按合同约定及时支付工程款。

（21）发包人接到工程承包人提交的工程竣工验收申请后，组织工程竣工验收，验收合格后编写竣工验收报告书。工程竣工验收的条件、要求、组织、程序、标准、文档的整理和移交，必须符合国家有关标准和规定。

（22）收到建设工程竣工报告后，应当组织设计、施工、工程监理等有关单位进行竣工验收。建设工程经验收合格的，方可交付使用。

（23）发包人应依据规定编制并实施工程竣工决算。工程竣工决算需清楚和准确，客观反映建设工程项目实际造价和投资效果。

（24）按照档案管理的规定，及时收集、整理建设项目各环节的文件资料，建立、健全建设项目档案，并在建设工程竣工验收后，及时向建设行政主管部门或者其他有关部门移交建设项目档案。

（25）应当自建设工程竣工验收合格之日起 15 日内，将建设工程竣工验收报告和规划、消防、环保等部门出具的认可文件或者准许使用文件报建设行政主管部门或者其他有关部门备案。

2.2.2 勘察、设计单位

（1）应当在其资质等级许可的范围内承揽工程。

（2）勘察、设计单位不得转包或者违法分包所承揽的工程。

（3）必须按照工程建设强制性标准进行勘察、设计，并对其勘察、设计的质量负责。注册建筑师、注册结构工程师等注册执业人员应当在设计文件上签字，对设计文件负责。

（4）勘察单位提供的地质、测量、水文等勘察成果必须真实、准确。

（5）设计单位应当根据勘察成果文件进行建设工程设计。设计文件应当符合国家规定的设计深度要求，注明工程合理使用年限。在设计文件中选用的建筑材料、建筑构配件和设备，应当注明规格、型号、性能等技术指标，其质量要求必须符合国家规定的标准。除有特殊要求的建筑材料、专用设备、工艺生产线等外，设计单位不得指定生产厂、供应商。

（6）应根据建设单位确定的绿色建造目标进行绿色设计。

（7）在工程施工前，就审查合格的施工图设计文件向施工单位和监理单位作出详细说明。

（8）及时解决施工中发现的勘察、设计问题，参与工程质量事故调查分析，并对因勘察、设计原因造成的质量事故提出相应的技术处理方案。

（9）按规定参与施工验槽。

2.2.3 施工单位

（1）应当在其资质等级许可的范围内承揽工程。

（2）中标后，应根据相关规定办理有关手续。

（3）应建立项目合同管理制度，明确合同管理责任，设立专门机构或人员负责合同管理工作。

（4）组织应配备符合要求的项目合同管理人员，实施合同的策划和编制活动，规范项目合同管理的实施程序和控制要求，确保合同订立和履行过程的合规性。

（5）严禁通过违法发包、转包、违法分包、挂靠方式订立和实施建设工程合同。

（6）不得违法分包工程。即：总承包单位不得将建设工程分包给不具备相应资质条件的单位；建设工程总承包合同中未有约定，又未经建设单位认可，承包单位不得将其承包的部分建设工程交由其他单位完成；施工总承包单位不得将建设工程主体结构的施工分包给其他单位；分包单位不得将其承包的建设工程再分包。

（7）不得转包工程。即：承包单位承包建设工程后，履行合同约定的责任和义务，不得将其承包的全部建设工程转给他人，也不得将其承包的全部建设工程肢解以后以分包的名义分别转给其他单位承包的行为。

（8）应当在合同订立前进行合同评审，完成对合同条件的审查、认定和评估工作。以招标方式订立合同时，应对招标文件和投标文件进行审查、认定和评估。发现的问题，应以书面形式提出，要求予以澄清或调整。

（9）在合同评审过程中应根据需要进行合同谈判，细化、完善、补充、修改或另行约定合同条款和内容。

（10）应当依据合同评审和谈判结果，按程序和规定订立合同。合同应由当事方的法定代表人或其授权的委托代理人签字或盖章；合同主体是法人或者其他组织时，应加盖单位印章。法律、行政法规规定需办理批准、登记手续后合同生效时，应依照规定办理；合同订立后应在规定期限内办理备案手续。

（11）合同实施前，施工单位的相关部门和合同谈判人员应对项目部进行合同交底。

应根据项目部合同总结报告确定项目合同管理改进需求，制定改进措施，完善合同管理制度，并按照规定保存合同总结报告。

（12）对建设工程的施工质量负责。实行总承包的，总承包单位应当对全部建设工程质量负责；建设工程勘察、设计、施工、设备采购的一项或者多项实行总承包的，总承包单位应当对其承包的建设工程或者采购的设备的质量负责。总承包单位依法将建设工程分包给其他单位的，分包单位应当按照分包合同的约定对其分包工程的质量向总承包单位负责，总承包单位与分包单位对分包工程的质量承担连带责任。

（13）应明确项目质量与技术管理部门，界定管理职责与分工，制定项目质量与技术管理制度，确定项目质量与技术控制流程，配备相应资源。

（14）设置项目质量管理机构，配备质量管理人员。

（15）建立质量责任制，确定工程项目的项目经理、技术负责人和施工管理负责人。

（16）项目经理资格符合要求，并到岗履职。

（17）编制并实施施工组织设计。

（18）编制并实施施工方案。

（19）按规定进行技术交底。

（20）配备齐全该项目涉及的设计图集、施工规范及相关标准。

（21）由建设单位委托见证取样检测的建筑材料、建筑构配件和设备等，未经监理单位见证取样并经检验合格的，不得擅自使用。

（22）按规定由施工单位负责进行进场检验的建筑材料、建筑构配件和设备以及商品混凝土，检验应当有书面记录和专人签字；未经检验或者检验不合格的，不得使用。应报监理单位审查，未经监理单位审查合格的不得擅自使用。

（23）严格按审查合格的施工图设计文件进行施工，不得擅自修改设计文件。

（24）严格按施工技术标准进行施工，不得偷工减料。

（25）做好各类施工记录，实时记录施工过程质量管理的内容。

（26）按规定做好隐蔽工程质量检查和记录。

（27）按规定做好检验批、分项工程、分部工程的质量报验工作。

（28）按规定及时处理质量问题和质量事故，做好记录。

（29）实施样板引路制度，设置实体样板和工序样板。

（30）按规定处置不合格试验报告。

（31）应根据需求制定项目质量管理和质量管理绩效考核制度，配备质量管理资源。

（32）应对项目部进行培训、检查、考核，定期进行内部审核，确保项目部的质量改进。

（33）应建立项目信息与知识管理制度，及时、准确、全面地收集信息与知识，安全、可靠、方便、快捷地存储、传输信息和知识，有效、适宜地使用信息和知识。

（34）积极采用先进的科学技术和管理方法，提高建设工程质量。

（35）应了解发包人及其他相关方对质量的意见，确定质量管理改进目标，提出相应措施并予以落实。

（36）应根据项目部出现的质量不合格的信息，评价采取改进措施的需求，实施必要的改进措施。当经过验证效果不佳或未完全达到预期的效果时，应重新分析原因，采取相应措施。

（37）应建立项目绿色建造与环境管理制度，确定绿色建造与环境管理的责任部门，明确管理内容和考核要求。

（38）应建立项目资源管理制度，确定资源管理职责和管理程序，根据资源管理要求，建立并监督项目生产要素配置过程。

（39）应当建立、健全教育培训制度，加强对职工的教育培训；未经教育培训或者考核不合格的人员，不得上岗作业。

（40）应对项目人力资源管理方法、组织规划、制度建设、团队建设、使用效率和成本管理进行分析和评价，以保证项目人力资源符合要求。

（41）应对劳务计划、过程控制、分包工程目标实现程度以及相关制度进行考核评价。

（42）应对工程材料与设备计划、使用、回收以及相关制度进行考核评价。

（43）应对项目施工机具与设施的配置、使用、维护、技术与安全措施、使用效率和使用成本进行考核评价。

（44）涉及建筑主体或者承重结构变动的装修工程，没有设计方案不得擅自施工。

（45）必须按照工程设计图纸和施工技术标准施工，不得擅自修改工程设计，不得偷工减料。在施工过程中发现设计文件和图纸有差错的，应当及时提出意见和建议。

（46）必须建立、健全施工质量的检验制度，严格工序管理，做好隐蔽工程的质量检查和记录。隐蔽工程在隐蔽前，施工单位应当通知建设单位和建设工程质量监督机构。

（47）对涉及结构安全的试块、试件以及有关材料，应当在建设单位或者工程监理单位监督下现场取样，并送具有相应资质等级的质量检测单位进行检测。

（48）对施工中出现质量问题的建设工程或者竣工验收不合格的建设工程，应当负责返修。

（49）未经监理工程师签字，建筑材料、建筑构配件和设备不得在工程上使用或者安装，施工单位不得进行下一道工序的施工。

（50）在向建设单位提交工程竣工验收报告时，应当向建设单位出具质量保修书。质量保修书中应当明确建设工程的保修范围、保修期限和保修责任等。

（51）建设工程在保修范围和保修期限内发生质量问题的，施工单位应当履行保修义务，并对造成的损失承担赔偿责任。

（52）房屋建筑工程在保修范围和保修期限内出现质量缺陷，施工单位应当履行保修义务。保修费用由质量缺陷的责任方承担。

（53）应建立项目收尾管理制度，明确项目收尾管理的职责和工作程序。项目收尾阶段包括工程收尾、合同收尾、管理收尾等。工程收尾需包括工程竣工验收准备、工程竣工验收、工程竣工结算、工程档案移交、工程竣工决算、工程责任期管理；项目合同收尾包括合同综合评价与合同终止。

（54）工程竣工验收后，承包人应在合同约定的期限内进行工程移交。

（55）工程移交应按照规定办理相应的手续，并保留相应的记录。

（56）工程竣工验收后，承包人应按照约定的条件向发包人提交工程竣工结算报告及完整的结算资料，报发包人确认。

（57）工程竣工结算应由承包人实施，发包人审查，双方共同确认后支付。

（58）应制定工程保修期管理制度。工程保修期是根据《建设工程项目质量管理条例》实施的一种质量保修制度，一般规定保修期在5年以上。缺陷责任期是根据《建设工程施工合同示范文本》实施的另一种工程质量保修制度，其保修时间一般最多为2年，缺陷责任期结束，发包方应把工程保修金返还给承包商。工程保修期涵盖了缺陷责任期。

（59）在工程保修期内应承担质量保修责任，回收质量保修资金，实施相关服务工作。

（60）应根据保修合同文件、保修责任期、质量要求、回访安排和有关规定编制保修工作计划，保修工作计划的内容应包括：主管保修的部门、执行保修工作的责任者、保修与回访时间、保修工作内容。

（61）在项目管理收尾阶段，项目部应进行项目管理总结，编写项目管理总结报告，纳入项目管理档案。

（62）项目管理总结完成后，公司应在适当的范围内发布项目总结报告、兑现在项目管理目标责任书中对项目部的承诺；根据岗位责任制和部门责任制对职能部门进行奖罚。

2.2.4 项目部（根据组织授权，直接实施项目管理的单位）

（1）应承担项目实施的管理任务和实现目标的责任。

（2）应当由项目负责人领导，接受组织职能部门的指导、监督、检查、服务和考核，负责对项目资源进行合理使用和动态管理。

（3）成员应当满足项目管理要求及具备相应资格。

（4）应当确定机构成员的职责、权限、利益和需承担的风险。

（5）应当实施计划管理，保证资源的合理配置和有序流动。

（6）应注重项目实施过程的指导、监督、考核和评价。

（7）应当按照约定全面履行合同。

（8）应在合同实施过程定期进行合同跟踪和诊断。对合同实施信息进行全面收集、分类处理，查找合同实施中的偏差；定期对合同实施中出现的偏差进行定性、定量分析，通报合同实施情况及存在的问题。

（9）应根据合同实施偏差结果制定合同纠偏措施或方案，经授权人批准后实施。实施需要其他相关方配合时，应事先征得各相关方的认同，并在实施中协调一致。

（10）应按规定实施合同变更的管理工作，将变更文件和要求传递至相关人员。变更的内容应符合合同约定或者法律法规规定。变更超过原设计标准或者批准规模时，应由公司按照规定程序办理变更审批手续。变更或变更异议的提出，应符合合同约定或者法律法规规定的程序和期限。变更应经公司或其授权人员签字或盖章后实施。变更对合同价格及工期有影响时，相应调整合同价格和工期。

（11）应控制和管理合同中止行为。合同中止履行前，应以书面形式通知对方并说明理由。因对方违约导致合同中止履行时，在对方提供适当担保时应恢复履行；中止履行后，对方在合理期限内未恢复履行能力并且未提供相应担保时，应报请公司决定是否解除合同。合同中止或恢复履行，如依法需要向有关行政主管机关报告或履行核验手续，应在规定的期限内履行相关手续。合同中止后不再恢复履行时，应根据合同约定或法律规定解除合同。

（12）应按照规定实施合同索赔的管理工作。索赔应依据合同约定提出。合同没有约定或者约定不明确时，按照法律法规规定提出。应全面、完整地收集和整理索赔资料；索赔意向通知及索赔报告应按照约定或法定的程序和期限提出；索赔报告应说明索赔理由，提出索赔金额及工期。

（13）合同实施过程中产生争议时，可先通过双方协商解决，如果协商达不成一致意见，也可请求第三方调解，也可按照合同约定申请仲裁或向人民法院起诉。

（14）应进行项目合同管理评价，总结合同订立和执行过程中的经验和教训，提出总结报告。

（15）应按照项目管理策划结果，进行目标分解，编制项目质量与技术管理计划，经批准后组织落实。

（16）应根据项目实施过程中不同阶段目标的实现情况，对项目质量与技术管理工作进行动态调整，并对项目质量与技术管理的过程和效果进行分层次、分类别的评价。

（17）项目施工阶段，应编制施工组织设计。

（18）项目质量管理应坚持缺陷预防的原则，按照策划、实施、检查、处置的循环方式进行系统运作。

（19）应通过对人员、机具、材料、方法、环境要素的全过程管理，确保工程质量满足质量标准和相关方要求。

（20）应在项目管理策划过程中编制项目质量计划。项目质量计划作为对外质量保证和对内质量控制的依据，体现项目全过程质量管理要求。项目质量计划应报公司批准。项目质量计划需修改时，应按原批准程序报批。

（21）应在质量控制过程中，跟踪、收集、整理实际数据，与质量要求进行比较，分析偏差，采取措施予以纠正和处置，并对处置效果复查。

（22）对于公司有明确质量创优目标或合同明确要求质量创优的项目，项目质量创优控制要明确质量创优目标和创优计划；精心策划和系统管理；制定高于国家标准的控制准则；确保工程创优资料和相关证据的管理水平。

（23）应根据项目管理策划要求实施检验和监测，并按照规定配备检验和监测设备。

（24）对项目质量计划设置的质量控制点，项目管理机构应按规定进行检验和监测。

（25）对检验和监测中发现的不合格品，应当先按照规定进行标识、记录、评价、隔离，防止非预期的使用或交付，再采用返修、加固、返工、让步接受和报废措施，对不合格品进行处置。

（26）应定期对项目质量状况进行检查、分析，向公司提出质量报告，明确质量状况、发包人及其他相关方满意程度、产品要求的符合性以及项目部的质量改进措施。

（27）各施工过程应配置齐全各项劳动防护设施和设备，使用的各种机械设备需要保证性能良好，运转正常。施工用电设计、配电、使用必须符合国家规范，确保人身安全和设备安全。

（28）施工现场作业活动严禁使用国家及地方政府明令淘汰的技术、工艺、设备、设施和材料。

（29）应根据需要定期或不定期对现场安全生产管理以及施工设施、设备和劳动防护用品进行检查、检测，并将结果反馈至有关部门，整改不合格并跟踪监督。

施工管理过程，优先选用绿色技术、建材、机具和施工方法。

（30）工程施工方案和专项措施应保证施工现场及周边环境安全、文明，减少噪声污染、光污染、水污染及大气污染，杜绝重大污染事件的发生。

（31）在施工过程中应进行垃圾分类，实现固体废弃物的循环利用，设专人按规定处置有毒有害物质，禁止将有毒、有害废弃物用于现场回填或混入建筑垃圾中外运。

（32）按照分区划块原则，规范施工污染排放和资源消耗管理，进行定期检查或测量，实施预控和纠偏措施，保持现场良好的作业环境和卫生条件。

（33）应根据项目目标管理的要求进行项目资源的计划、配置、控制，并根据授权进行考核和处置。

（34）应编制人力资源需求计划、人力资源配置计划和人力资源培训计划。

（35）应确保人力资源的选择、培训和考核符合项目管理需求。

（36）项目管理人员应在意识、培训、经验、能力方面满足规定要求。

（37）应编制劳务需求计划、劳务配置计划和劳务人员培训计划。

（38）应确保劳务队伍选择、劳务分包合同订立、施工过程控制、劳务结算、劳务分包退场管理满足工程项目的劳务管理需求。

（39）应依据项目需求进行劳务人员专项培训，特殊工种和相关人员应按规定持证上岗。

（40）施工现场应实行劳务实名制管理，建立劳务突发事件应急管理预案。

（41）应制定材料管理制度，规定材料的使用、限额领料，使用监督、回收过程，并应建立材料使用台账。

（42）应编制工程材料与设备的需求计划和使用计划。

（43）应确保材料和设备供应单位选择、采购供应合同订立、出厂或进场验收、储存管理、使用管理及不合格品处置等符合规定要求。

（44）应编制项目施工机具与设施需求计划、使用计划和保养计划。

（45）应根据项目的需要，进行施工机具与设施的配置、使用、维修和进退场管理。

（46）施工机具与设施操作人员应具备相应技能并符合持证上岗的要求。

（47）应确保投入使用过程的施工机具与设施性能和状态合格，并定期进行维护和保养，形成运行使用记录。

（48）应根据实际需要设立信息与知识管理岗位，配备熟悉项目管理业务流程，并经过培训的人员担任信息与知识管理人员，开展项目的信息与知识管理工作。

（49）可应用项目信息化管理技术，采用专业信息系统，实施知识管理。

（50）应按信息管理计划实施下列信息过程管理：

1）与项目有关的自然信息、市场信息、法规信息、政策信息。

2）项目利益相关方信息。

3）项目内部的各种管理和技术信息。

（51）应建立相应的数据库，对信息进行存储。项目竣工后应保存和移交完整的项目信息资料。

（52）应通过项目信息的应用，掌握项目的实施状态和偏差情况，以便于实现通过任务安排进行偏差控制。

（53）应配备专职或兼职的文件与档案管理人员。

（54）项目管理过程中产生的文件与档案均应进行及时收集、整理，并按项目的统一规定标识，完整存档。

（55）项目文件与档案管理宜应用信息系统，重要项目文件和档案应有纸介质备份。

（56）应保证项目文件和档案资料的真实、准确和完整。

（57）文件与档案宜分类、分级进行管理，保密要求高的信息或文件应按高级别保密要求进行防泄密控制，一般信息可采用适宜方式进行控制。

（58）应编制工程竣工验收计划，报公司及建设单位审批，经批准后执行。

2.2.5 项目部项目负责人（项目经理）

（1）应当根据法定代表人的授权范围、期限和内容，履行管理职责。

（2）应当取得相应资格，并按规定取得安全生产考核合格证书。

（3）应当在项目实施之前，由组织法定代表人或其授权人与项目管理机构负责人协商制定项目管理目标责任书。

（4）应当在工程开工前签署质量承诺书，报相关工程管理机构备案。

（5）参与项目招标、投标和合同签订。

（6）参与组建项目管理机构。

（7）参与组织对项目各阶段的重大决策。

（8）主持项目部工作。

（9）应当按相关约定在岗履职，对项目实施全过程及全面管理。

（10）应当主持制定并落实质量、安全技术措施和专项方案，负责相关的组织协调工作。

（11）对各类资源进行质量监控和动态管理。

（12）对进场的机械、设备、工器具的安全、质量和使用进行监控。

（13）应当按规定完善工程资料，规范工程档案文件，准备工程结算和竣工资料，参与工程竣工验收。

（14）决定授权范围内的项目资源使用。

（15）在组织制度的框架下制定项目管理机构管理制度。

（16）参与选择并直接管理具有相应资质的分包人。

（17）参与选择大宗资源的供应单位。

（18）在授权范围内与项目相关方进行直接沟通。

（19）应当接受审计，处理项目部解体的善后工作；协助和配合组织进行项目检查、鉴定和评奖申报；配合组织完善缺陷责任期的相关工作。

（20）应当按规定接受相关部门的责任追究和监督管理。

（21）应当接受法定代表人和组织机构的业务管理，组织有权对项目负责人给予奖励和处罚。

2.2.6　监理单位

（1）在其资质等级许可的范围内承担工程监理业务。

（2）不得转让工程监理业务。

（3）工程监理单位与被监理工程的施工承包单位以及建筑材料、建筑构配件和设备供应单位有隶属关系或者其他利害关系的，不得承担该项建设工程的监理业务。

（4）配备足够的具备资格的监理人员，并到岗履职。

（5）应当选派具备相应资格的总监理工程师和监理工程师进驻施工现场。

（6）总监理工程师资格应符合要求，并到岗履职。

（7）编制并实施监理规划。

（8）编制并实施监理实施细则。

（9）应当依照法律、法规以及有关技术标准、设计文件和建设工程承包合同，代表建设单位对施工质量实施监理，并对施工质量承担监理责任。

（10）应当按照工程监理规范的要求，采取旁站、巡视和平行检验等形式，对建设工程实施监理。

（11）不得与建设单位或者施工单位串通，弄虚作假、降低工程质量。

（12）不得将不合格的建设工程、建筑材料、建筑构配件和设备按照合格签字。

（13）对施工组织设计、施工方案进行审查。

（14）对建筑材料、建筑构配件和设备投入使用或安装前进行审查。

（15）对分包单位的资质进行审核。

（16）对重点部位、关键工序实施旁站监理，做好旁站记录。

（17）对施工质量进行巡查，做好巡查记录。

（18）对施工质量进行平行检验，做好平行检验记录。

（19）对隐蔽工程进行验收。

（20）对检验批工程进行验收。

（21）对分项、分部（子分部）工程按规定进行质量验收。

（22）签发质量问题通知单，复查质量问题整改结果。

2.2.7　检测单位

（1）不得转包检测业务。

（2）不得涂改、倒卖、出租、出借或者以其他形式非法转让资质证书。

（3）不得推荐或者监制建筑材料、构配件和设备。

（4）不得与行政机关，法律、法规授权的具有管理公共事务职能的组织以及所检测工程项目相关的设计单位、施工单位、监理单位有隶属关系或者其他利害关系。

（5）应当按照国家有关工程建设强制性标准进行检测。

（6）应当对检测数据和检测报告的真实性和准确性负责。

（7）应当将检测过程中发现的建设单位、监理单位、施工单位违反有关法律、法规和工程建设强制性标准的情况，以及涉及结构安全检测结果的不合格情况，及时报告工程所在地住房和城乡建设主管部门。

（8）应当单独建立检测结果不合格项目台账。

（9）应当建立档案管理制度。检测合同、委托单、原始记录、检测报告应当按年度统一编号，编号应当连续，不得随意抽撤、涂改。

2.2.8 监督机构

（1）国务院建设行政主管部门对全国的建设工程质量实施统一监督管理。国务院铁路、交通、水利等有关部门按照国务院规定的职责分工，负责对全国的有关专业建设工程质量的监督管理。

（2）县级以上地方人民政府建设行政主管部门对本行政区域内的建设工程质量实施监督管理。县级以上地方人民政府交通、水利等有关部门在各自的职责范围内，负责对本行政区域内的专业建设工程质量的监督管理。

（3）国务院建设行政主管部门和国务院铁路、交通、水利等有关部门应当加强对有关建设工程质量的法律、法规和强制性标准执行情况的监督检查。

（4）国务院发展计划部门按照国务院规定的职责，组织稽查特派员，对国家出资的重大建设项目实施监督检查。

（5）国务院经济贸易主管部门按照国务院规定的职责，对国家重大技术改造项目实施监督检查。

（6）建设工程质量监督管理，可以由建设行政主管部门或者其他有关部门委托的建设工程质量监督机构具体实施。

（7）从事房屋建筑工程和市政基础设施工程质量监督的机构，必须按照国家有关规定经国务院建设行政主管部门或者省、自治区、直辖市人民政府建设行政主管部门考核；从事专业建设工程质量监督的机构，必须按照国家有关规定经国务院有关部门或者省、自治区、直辖市人民政府有关部门考核。经考核合格后，方可实施质量监督。

（8）县级以上地方人民政府建设行政主管部门和其他有关部门应当加强对有关建设工程质量的法律、法规和强制性标准执行情况的监督检查。

（9）县级以上人民政府建设行政主管部门和其他有关部门履行监督检查职责时，有权进入被检查单位的施工现场进行检查，有权要求被检查的单位提供有关工程质量的文件和资料；发现有影响工程质量的问题时，有权责令改正。

（10）建设行政主管部门或者其他有关部门发现建设单位在竣工验收过程中有违反国家有关建设工程质量管理规定行为的，责令停止使用，重新组织竣工验收。

2.2.9 其他

（1）有关单位和个人对县级以上人民政府建设行政主管部门和其他有关部门进行的监督检查应当支持与配合，不得拒绝或者阻碍建设工程质量监督检查人员依法执行职务。

（2）供水、供电、供气、消防等部门或者单位不得明示或者暗示建设单位、施工单位购买其指定的生产供应单位的建筑材料、建筑构配件和设备。

（3）建设工程发生质量事故，有关单位应当在24h内向当地建设行政主管部门和其他有关部门报告。对重大质量事故，事故发生地的建设行政主管部门和其他有关部门应当按照事故类别和等级向当地人民政府和上级建设行政主管部门和其他有关部门报告。特别重大质量事故的调查程序按照国务院有关规定办理。

（4）任何单位和个人对建设工程的质量事故、质量缺陷都有权检举、控告、投诉。

（5）房屋建筑使用者在装修过程中，不得擅自变动房屋建筑主体和承重结构。

（6）发生重大工程质量事故隐瞒不报、谎报或者拖延报告期限的，对直接负责的主管人员和其他责任人员依法给予行政处分。

（7）承包人应对其承接的合同作总体协调安排。承包人自行完成的工作及分包合同的内容，应在质量、资金、进度、管理架构、争议解决方式方面符合总包合同的要求。

（8）分包的质量控制应纳入项目质量控制范围，分包人应按分包合同的约定对其分包的工程质量向项目管理机构负责。

（9）工程完工后，承包人应自行检查，根据规定在监理机构组织下进行预验收，合格后向发包人提交竣工验收申请。

（10）发包人与承包人应签订工程保修期保修合同，确定质量保修范围、期限、责任与费用的计算方法。

3 工程实体质量控制

>>>

3.1 地基基础工程

3.1.1 基本要求

（1）按照设计和规范要求进行基槽验收。

（2）按照设计和规范要求进行轻型动力触探。

（3）地基强度或承载力检验结果符合设计要求。

（4）复合地基的承载力检验结果符合设计要求。

（5）桩基础承载力检验结果符合设计要求。

（6）对于不满足设计要求的地基，应有经设计单位确认的地基处理方案，并有处理记录。

（7）填方工程的施工应满足设计和规范要求。

3.1.2 土方工程质量检查与验收

（1）土方开挖前，应检查定位放线、排水和降低地下水位系统，常用基坑降低地下水位系统如图 3.1-1 所示。

（2）开挖过程中，应检查平面位置、水平标高、边坡坡度、压实度、排水和降低地下水位系统，并随时观测周围的环境变化。

（3）基坑（槽）开挖后，应检验下列内容：

1）核对基坑（槽）的位置、平面尺寸、坑底标高是否符合设计的要求，并检查边坡稳定状况，确保边坡安全。核对基坑土质和地下水情况是否满足地质勘察报告和设计要求；有无破坏原状土结构或发生较大的土质扰动现象。

2）用钎探法或轻型动力触探法等检查基坑（槽）是否存在软弱土下卧层及空穴、古墓、古井、防空掩体、地下埋设物等及相应的位置、深度、形状，如图 3.1-2 所示。

（4）基坑（槽）验槽，应重点观察柱基、墙角、承重墙下或其他受力较大部位，如有异常部位，要会同勘察、设计等有关单位进行处理。

（5）土方回填，应查验下列内容：

1）回填土的材料要符合设计和规范的规定。

2）填土施工过程中应检查排水措施、每层填筑厚度、回填土的含水量控制（回填土的最优含水量，砂土：8％～12％；黏土：19％～23％；粉质黏土：12％～15％；粉土：

17

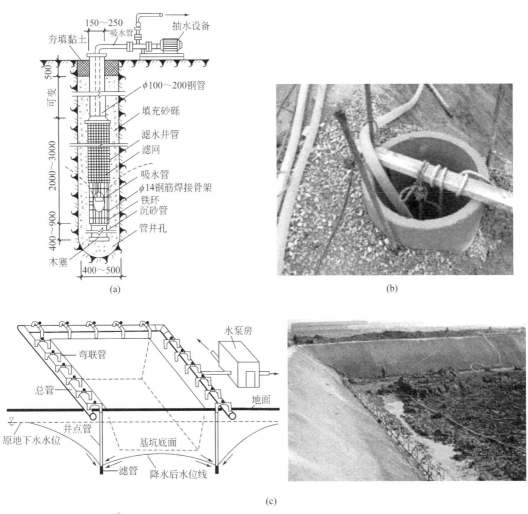

图 3.1-1 常用基坑降低地下水位系统示意及效果图

（a）管井井点构造；（b）管井井点法降水；（c）轻型井点法降水

图 3.1-2 地基验槽

16％～22％）和压实度。

3）基坑（槽）的填方，在夯实或压实之后，要对每层回填土的质量进行检验，满足设计或规范要求。

4）填方施工结束后应检查标高、边坡坡度、压实度等是否满足设计或规范要求。

3.1.3　灰土、砂和砂石地基工程质量检查与验收

（1）检查原材料及配合比是否符合设计和规范要求。

（2）施工过程中应检查分层铺设的厚度、分段施工时上下两层的搭接长度、夯实时加水量、夯压遍数、压实系数。

（3）施工结束后，应检验灰土地基、砂和砂石地基的承载力。

3.1.4　重锤夯实或强夯地基工程质量检查与验收

施工前应检查夯锤质量、尺寸、落距控制手段、排水设施及被夯地基的土质。施工中应检查落距、夯击遍数、夯点位置、夯击范围。施工结束后，检查被夯地基的强度并进行承载力检验。

3.1.5　打（压）预制桩工程质量检查与验收

检查预制桩的出厂合格证及进场质量、桩位、打桩顺序、桩身垂直度、接桩、打（压）桩的标高或贯入度等是否符合设计和规范要求。桩竣工位置偏差、桩身完整性检测和承载力检测必须符合设计要求和规范规定。

3.1.6　混凝土灌注桩基础质量检查与验收

检查查验桩位偏差、桩顶标高、桩底沉渣厚度、桩身完整性、承载力、垂直度、桩径、原材料、混凝土配合比及强度、泥浆配合比及性能指标、钢筋笼制作及安装、混凝土浇筑等是否符合设计要求和规范规定，桩基承载力试验如图 3.1-3 所示。

图 3.1-3　桩基承载力试验

3.2 钢筋工程

3.2.1 基本要求

（1）确定细部做法并在技术交底中明确。

（2）清除钢筋上的污染物和施工缝处的浮浆。

（3）对预留钢筋进行纠偏。

（4）钢筋加工符合设计和规范要求。

（5）钢筋的牌号、规格和数量符合设计和规范要求。

（6）钢筋的安装位置符合设计和规范要求。

（7）保证钢筋位置的措施到位。

（8）钢筋连接符合设计和规范要求。

（9）钢筋锚固符合设计和规范要求。

（10）箍筋、拉筋弯钩符合设计和规范要求。

（11）悬挑梁、板的钢筋绑扎符合设计和规范要求。

（12）后浇带预留钢筋的绑扎符合设计和规范要求。

（13）钢筋保护层厚度符合设计和规范要求。

3.2.2 墙柱钢筋安装

（1）剪力墙拉筋呈梅花形布置见图 3.2-1，墙柱水平筋端头绑扎牢固。

（2）剪力墙竖向钢筋顶部弯折水平段≥12d，并保证锚固长度（从板底算起），如图 3.2-2 所示。

图 3.2-1　剪力墙拉筋梅花形布置

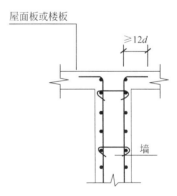

图 3.2-2　墙筋收头要求

（3）端部有暗柱时剪力墙水平钢筋端部弯折水平段直钩为 15d，一字柱时为 10d；当水平筋为一级钢时加设 3d 长的 180°弯钩，当为普通剪力墙时，水平筋置于竖向筋外侧（与暗柱箍筋在同一层面，伸至暗柱最外侧纵向钢筋内侧，直钩"扎进"暗柱内）。

（4）框架节点核心区内均必须设置水平箍筋。有抗震设防要求的，必须按施工图设计文件中的要求配置复合箍筋，不得随意减少，如图 3.2-3 所示；无抗震要求的，箍筋间距不宜大于 250mm，且不得大于 15d。

图 3.2-3　梁柱节点核心区箍筋

3.2.3　梁钢筋安装

（1）梁上部纵向钢筋水平方向的最小净距（即钢筋外边缘之间的最小距离），不应小于 30mm 和 1.5d。各排钢筋之间的净距不应小于 25mm，且不小于受力钢筋的直径。

（2）吊筋弯起段应伸至梁上边缘并且加水平段 20d，弯起角度当主梁高度≤800mm 时为 45°，＞800mm 时为 60°，如图 3.2-4 所示。

图 3.2-4　吊筋和构造钢筋

（3）设置加密箍筋时，应在集中荷载两侧分别设置，每侧不少于 3 个（按设计要求），核心区箍筋不得漏设，如图 3.2-5 所示。

（4）当梁的腹板高度≥450mm 时，在梁的两个侧面沿梁高度范围内配置纵向构造钢筋，如图 3.2-6 所示。

21

图 3.2-5 加密箍筋和核心箍

图 3.2-6 梁侧配置构造钢筋

3.2.4 板钢筋安装

（1）为了保证楼面钢筋排布均匀，间距符合设计尺寸，在板底钢筋绑扎前，模板上进行弹线控制，如图 3.2-7 所示。

图 3.2-7 弹线控制

（2）钢筋马凳设置于两层板筋之间，脚部不得直接搁置在模板上，防止露筋后锈蚀影响结构质量。安装时可先行固定在下层板筋之上，以免安装不到位，有条件时最好采用塑料或混凝土成品垫块。

（3）双向受力钢筋绑扎时应将钢筋交叉点全部绑扎，控制钢筋不变形，不得漏绑，如图 3.2-8、图 3.2-9 所示。

图 3.2-8　双向钢筋不得漏绑

图 3.2-9　板钢筋安装成型效果

3.2.5　钢筋加工制作

（1）135°弯钩平直段长度不小于直径的 10 倍（不大于 $10d+10$mm，避免浪费），且不小于 75mm，且两个弯钩平直段平行，见图 3.2-10。

（2）为保证钢筋制作尺寸和质量，可采用定型模具加工钢筋，如图 3.2-11、图 3.2-12 所示。

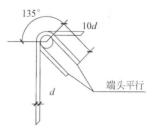

图 3.2-10　弯钩尺寸要求

图 3.2-11　定型化加工

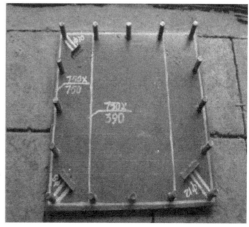

图 3.2-12　定型模具

3.2.6　钢筋焊接

（1）电渣压力焊焊接接头要求：

1）四周焊包凸出钢筋表面的高度，当钢筋直径为 25mm 及以下时，不得小于 4mm，见图 3.2-13；当钢筋直径为 28mm 及以上时，不得小于 6mm。

2）钢筋与电极接触处，应无烧伤缺陷。

3）接头处的弯折角不大于2°。

4）接头处的轴线偏移不得大于1mm。

（2）电弧焊缝要求：

1）焊缝均匀饱满，不得有气孔等，如图3.2-14所示。

2）焊接过程应及时清除焊渣，检查焊缝如有不符合要求的及时补焊。

3）焊接长度需满足规范要求。

图3.2-13　接头焊包

图3.2-14　电焊焊缝

3.2.7　直螺纹套筒连接

（1）钢筋端部应采用带锯、砂轮锯或带圆弧形刀片的专用钢筋切断机切平，如图3.2-15所示。

图3.2-15　钢筋切头平直整齐

（2）安装接头时可用管钳扳手拧紧，钢筋丝头应在套筒中央位置相互顶紧，标准型、正反丝型、异径型接头安装后的单侧外露螺纹不宜超过$2p$，如图3.3-16所示；对无法对

24

顶的其他直螺纹接头，应附加锁紧螺母、顶紧凸台等措施紧固。

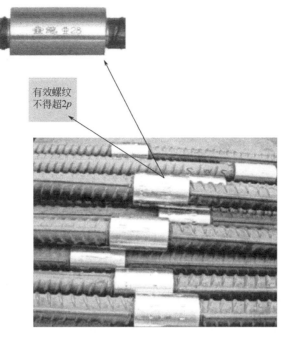

图 3.2-16　外漏有效螺纹检查

（3）接头安装后应用扭力扳手校核拧紧扭矩，最小拧紧扭矩值应符合表 3.2-1 的规定。

直螺纹接头安装时最小拧紧扭矩值　　　　　　　　　　　　　　　　表 3.2-1

钢筋直径(mm)	≤16	18～20	22～25	28～32	36～40	50
拧紧扭矩(N·m)	100	200	260	320	360	460

（4）校核用扭力扳手的准确度级别可选用 10 级。

（5）各种类型和形式接头都应进行工艺检验，检验项目包括单向拉伸极限抗拉强度和残余变形。

3.2.8　钢筋定位筋

（1）混凝土浇筑前，墙、柱钢筋必须采取有效措施定位，避免浇筑完成后造成钢筋位移现象。

（2）墙钢筋定位措施如图 3.2-17～图 3.2-20 所示。

（3）柱钢筋定位措施如图 3.2-21、图 3.2-22 所示。

（4）绑扎前，清理钢筋污染的混凝土，结合所放外墙边线，校正竖向钢筋，如位移较大时须特殊处理，再进行绑扎。

（5）墙钢筋应逐点绑扎牢固，绑扎时相邻钢筋绑扎点的铁丝扣成八字形，以免钢筋网歪斜变形。钢筋锚固长度、搭接长度及接头错开要求应符合设计及规范的要求。

（6）人防墙及做地下室挡土墙的外墙水平筋应置于竖向筋内侧，其他地下室墙体及剪

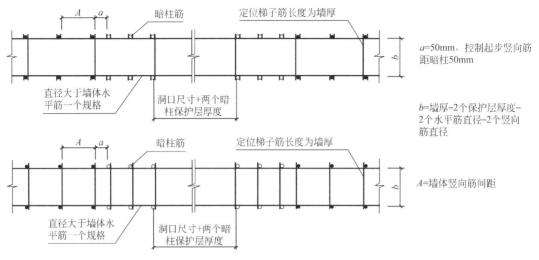

图 3.2-17　水平定位梯子筋制作尺寸

图中标注：
A　a　暗柱筋　定位梯子筋长度为墙厚

a=50mm，控制起步竖向筋距暗柱50mm

b=墙厚-2个保护层厚度-2个水平筋直径-2个竖向筋直径

A=墙体竖向筋间距

直径大于墙体水平筋一个规格　洞口尺寸+两个暗柱保护层厚度

图 3.2-18　水平定位梯子筋使用效果

力墙水平筋置于竖向筋外侧（与暗柱箍筋在同一层面）。

（7）配合其他工种安装预埋管件、预留洞等，其位置、标高均应符合设计要求。

（8）为保证洞口标高位置正确，在洞口竖向钢筋上划出标高线。洞口要按设计和规范要求绑扎连梁钢筋，锚入墙内长度要符合设计及图集要求。

（9）定位卡具：

1）为保证水平钢筋的间距、排距以及钢筋的保护层厚度，宜在墙体中设置定位卡具，如图 3.2-23、图 3.2-24 所示。

2）钢筋定位卡具用 $\phi14$ 钢筋和 $\phi6$ 钢筋制作，卡具采用"双 F 形"，在墙体中梅花形布置，间距 600mm（在施工地区能够购买的条件下也可购买砂浆预制内撑替代，但须能满足钢筋保护层尺寸要求）。

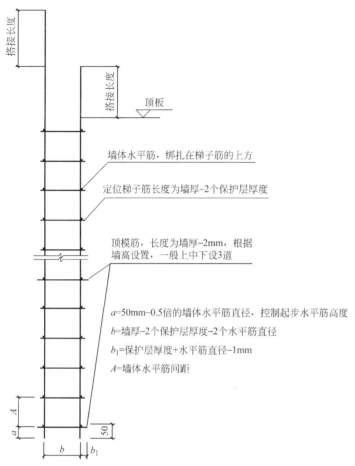

墙体水平筋,绑扎在梯子筋的上方

定位梯子筋长度为墙厚–2个保护层厚度

顶模筋,长度为墙厚–2mm,根据墙高设置,一般上中下设3道

a=50mm–0.5倍的墙体水平筋直径,控制起步水平筋高度

b=墙厚–2个保护层厚度–2个水平筋直径

b_1=保护层厚度+水平筋直径–1mm

A=墙体水平筋间距

图 3.2-19 竖向定位梯子筋制作尺寸

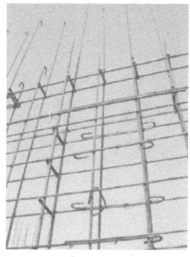

图 3.2-20 竖向定位梯子筋使用效果

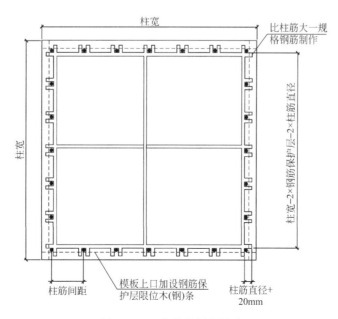

图 3.2-21 定位箍制作尺寸

图 3.2-22 定位箍使用效果

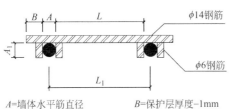

A=墙体水平筋直径 　　B=保护层厚度-1mm
A_1=墙体水平筋直径+3mm 　L_1=墙体水平筋排距
L=墙厚-2个保护层厚度-2个水平筋直径

图 3.2-23 定位卡具制作尺寸

图 3.2-24 定位卡具使用效果

3.2.9 钢筋保护层

（1）墙、柱、梁宜采用 PVC 塑料垫块；板宜采用砂浆或 PVC 塑料垫块，如图 3.2-25、图 3.2-26 所示。

（2）砂浆垫块宜选用强度较高的垫块，间距按规范和设计要求设置。

（3）PVC 垫块宜选用中部加强的垫块，其安装后卡口应背向模板方向。

图 3.2-25　底板钢筋垫块设置　　　　　　图 3.2-26　各种垫块

3.2.10　成品保护

（1）钢筋按图绑扎成型完工后，将多余的钢筋、扎丝及垃圾清理干净。

（2）梁、板绑扎成型后，应铺设跳板，以避免后续工序中施工人员踩踏或重物堆置导致钢筋弯曲变形，如图 3.2-27 所示。

（3）浇筑混凝土过程中，要有钢筋工专门护筋，避免墙、柱、梁钢筋位移，避免板筋踩乱、间距及保护层不符合要求。

（4）楼板混凝土浇筑前，可以采用塑料布或 PVC 管将墙柱钢筋包裹 300～500mm。以避免浇筑时污染钢筋，如图 3.2-28 所示。

图 3.2-27　铺设跳板　　　　　　图 3.2-28　钢筋套 PVC 管保护

3.2.11　钢筋工程质量检查与验收

钢筋分项工程质量控制包括钢筋进场检验、钢筋加工、钢筋连接、钢筋安装等。施工过程重点检查：原材料进场合格证和复试报告、加工质量、钢筋连接试验报告及操作者合格证，钢筋安装质量（包括：纵向、横向钢筋的品种、规格、数量、位置、保护层厚度和钢筋连接方式、接头位置、接头数量、接头面积百分率及箍筋、横向钢筋的品种、规格、数量、间距等），预埋件的规格、数量、位置。

3.3　混凝土工程

3.3.1　基本要求

（1）模板板面应清理干净并涂刷隔离剂。

（2）模板板面的平整度符合要求。

（3）模板的各连接部位应连接紧密。

（4）竹木模板面不得翘曲、变形、破损。

（5）框架梁的支模顺序不得影响梁筋绑扎。

（6）楼板支撑体系的设计应考虑各种工况的受力情况。

（7）楼板后浇带的模板支撑体系按规定单独设置。

（8）严禁在混凝土中加水。

（9）严禁将撒落的混凝土浇筑到混凝土结构中。

（10）各部位混凝土强度符合设计和规范要求。

（11）墙和板、梁和柱连接部位的混凝土强度符合设计和规范要求。

（12）混凝土构件的外观质量符合设计和规范要求。

（13）混凝土构件的尺寸符合设计和规范要求。

（14）后浇带、施工缝的接槎处应处理到位。

（15）后浇带的混凝土按设计和规范要求的时间进行浇筑。

（16）按规定设置施工现场试验室。

（17）混凝土试块应及时进行标识。

（18）同条件试块应按规定在施工现场养护。

（19）楼板上的堆载不得超过楼板结构设计承载能力。

3.3.2　墙柱木模板

1. 放线要求

（1）由专业测量员测放控制线，并经技术负责人复核。

（2）根据控制线放出 200mm 模板控制线，如图 3.3-1、图 3.3-2 所示。

（3）最后放出模板定位线。

（4）离转角 100mm 弹大角垂直控制线。

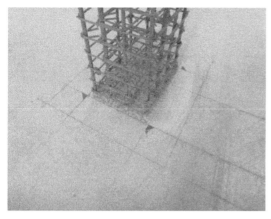

图 3.3-1　柱模板控制线　　　　　　图 3.3-2　剪力墙模板控制线

2. 墙木模板加固要求

（1）墙模板的木方应布置均匀，根据实际情况进行合理调整，木方间距宜控制在 150～200mm，不得超过 200mm，对拉螺杆直径为 $\phi14$，并采用配套的螺母和 3 型卡，严格按照施工方案安装穿墙螺杆，如图 3.3-3 所示。

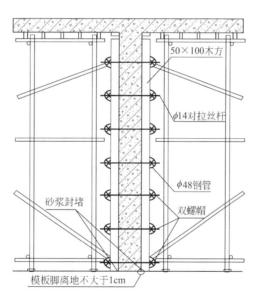

图 3.3-3　墙配模剖面图

（2）墙模板安装时，要使两侧穿孔的模板对称放置，确保孔洞对准，以使穿墙螺栓与墙模板保持垂直。墙模板上口必须在同一水平面上，控制墙顶标高一致，如图 3.3-4、图 3.3-5 所示。

（3）模板拼缝处要贴双面胶条并用木方压实。

（4）螺杆排数一般设置：层高 2.8～3.2m 设 6 排；层高 3.2～3.8m 设 7 排；层高 3.8～4.6m 设 9 排；层高 4.6～5.6m 设 10 排。

（5）离地 200mm 设置第一道螺杆，离板底 200mm 设置一道螺杆，下面三排要用双螺母。

图 3.3-4　模板加固　　　　　　　　　　图 3.3-5　加固效果

（6）墙体木模板斜撑采用钢管支撑，墙体模板平板间连接，搭接长度 25mm，如图 3.3-6 所示，墙体模板阴阳角模板及拼接如图 3.3-7、图 3.3-8 所示。

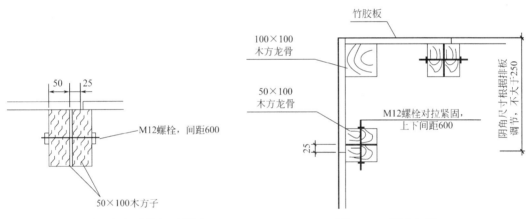

图 3.3-6　阴角平板间连接加固详图　　　　　图 3.3-7　阴角加固

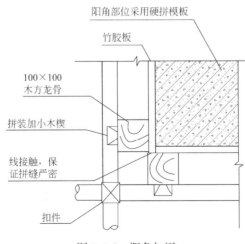

图 3.3-8　阳角加固

（7）在模板的垂直度、水平度、标高符合要求后，拧紧螺栓，但需使螺栓均匀受力，并保证模板拼接处必须严密、牢固、可靠，如图 3.3-9、图 3.3-10 所示。

图 3.3-9　转角部位加固效果　　　　　　　　图 3.3-10　木楔楔紧效果

（8）为防止漏浆形成烂根，顶板混凝土施工后，墙体两侧 100mm 范围内用铁抹子压光找平，安装模板前，粘贴 4mm 厚双面胶条，模板再压住海绵条，也可采用砂浆将模板底部进行封闭，如图 3.3-11 所示。

图 3.3-11　砂浆封闭

3. 外墙接槎要求

（1）安装上层外墙模板前，在下层混凝土墙上沿长度方向加双面胶条，外墙接槎位置模板应伸至接缝以下螺杆上，以防跑浆。

（2）外墙最上一排螺杆当采用预留对拉螺杆时，其距接缝位置 300mm，如图 3.3-12 所示；当采用预埋锁脚螺杆时，其距接缝位置 150mm，如图 3.3-13、图 3.3-14 所示；两种方法螺杆水平间距均为 500mm，或根据相应的专项施工方案。

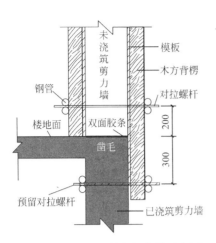
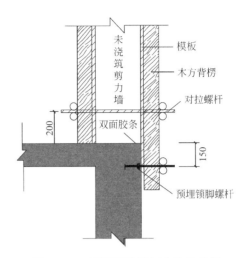

图 3.3-12　预留对拉螺杆安装示意图　　　　图 3.3-13　预埋锁脚螺杆安装示意图

4. 柱木模板加固要求

（1）框架柱木模板按楼层一次支设到位。

（2）严格按照施工方案安装穿柱螺杆和柱箍，螺杆直径不小于 $\phi14$，并采用配套的螺母和垫片，如图 3.3-15 所示。

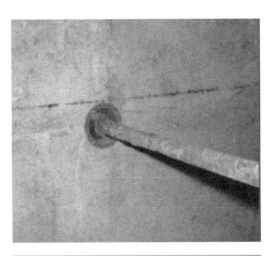

图 3.3-14　预埋锁脚螺杆

图 3.3-15　柱模板加固效果

（3）阳角部位采用端面硬拼，模板拼缝处要贴海绵条并用木方压实，木方间距 200mm 并符合方案要求。

（4）为防止根部漏浆形成烂根，采用砂浆将模板底部进行封闭。

3.3.3 梁木模板

（1）严格按照施工方案安装穿梁螺杆。

（2）模板拼缝处要贴双面胶条并用木方压实。

（3）根据构件截面尺寸进行模板设计，内楞采用木方，间距200mm并符合方案要求，外楞采用木方或钢管，如采用钢管使用双钢管，穿梁螺杆紧固，螺杆直径为$\phi14$，并采用配套的螺母和3型卡。

3.3.4 梁柱接头木模板

（1）采用竹胶板定型加工制作，严格控制梁柱接头模板加工尺寸，如图3.3-16所示。

图3.3-16 梁柱接头模板支设效果

（2）阴阳角模板制作加固同墙柱模板。

3.3.5 楼梯木模板

（1）模板必须每层清理干净并刷隔离剂。

（2）封闭式模板在楼梯梯段的中间部位预留孔洞，方便振捣混凝土，避免气泡存积，如图3.3-17所示。

（3）模板拼装接缝需平整严实，以防止漏浆。

（4）敞开式楼梯模板定位和固定木方不得少于两排，如图3.3-18所示。

3.3.6 洞口木模板

（1）在墙柱钢筋绑扎完毕后，应根据门洞位置在钢筋网架上焊接定位钢筋。

（2）门窗洞口顶部模板应按框架梁底模板标准支设，保证不变形、不位移。

（3）门窗洞口设横撑，横撑采用钢管＋顶托横撑，第一道横撑离地不大于250mm，以后每隔 600～800mm 设置一道，最后一道横撑离梁底不大于 250mm。

图 3.3-17　封闭式楼梯模板

图 3.3-18　敞开式楼梯模板

（4）洞口模板侧面加贴海绵条防止漏浆，浇筑混凝土时从窗两侧同时浇筑，避免窗模偏位。

（5）为保证门、窗洞口定型模板制作时边角方正，制作时可在边角设置临时三角形模板固定，待钢管内撑加固好后，再将临时三角板拆除，如图 3.3-19、图 3.3-20 所示。

图 3.3-19　门洞口模板加固

图 3.3-20　窗洞口模板加固

（6）窗洞口宽度超过 1200mm 时，应在定型模板下侧中间开一个混凝土浇筑口（浇筑口尺寸为 150mm×150mm），混凝土浇筑完成后再封堵。

（7）电梯盒洞口木模板四周绑扎定位钢筋，竖向每 150mm 设一道，水平向每 300mm 设一道，定位筋绑扎分别固定于墙内外皮钢筋上，电梯盒洞口加固如图 3.3-21 所示，电梯盒洞口效果如图 3.3-22 所示。

图 3.3-21　电梯盒洞口加固示意图　　　　图 3.3-22　电梯盒洞口效果

电梯盒
150×350

φ14定位筋
300设置一道

3.3.7　高低跨模板

（1）卫生间等降板处，宜采用 40mm×50mm 方管焊接成定型模板，在板筋绑扎完成后安装固定，卫生间吊模可整装整拆，这样既保证了卫生间内净尺寸，又保证了模板体系的刚度，如图 3.3-23 所示。

（2）高低跨吊模处，严禁施工砖块、木方穿底做临时支撑，应用砂浆垫块，以减少卫生间楼板渗漏隐患，如图 3.3-24 所示。

图 3.3-23　卫生间定型模板　　　　图 3.3-24　卫生间吊模安装

（3）拆模在初凝与终凝之间完成，并对边角用铝合金尺及时校正修复。

（4）方管上残余的混凝土应清理干净，每使用 2 层涂刷一次隔离剂，如图 3.3-25 所示。

3.3.8　模板支撑系统

（1）严格按照施工方案搭设，立杆间距、水平步距、扫地杆和剪刀撑、可调顶撑等均满足规范和方案要求，如图 3.3-26 所示。

图 3.3-25　卫生间定型模板涂刷隔离剂

图 3.3-26　模板支撑系统

（2）在支撑立杆底部加设满足承载力要求的底座或垫板，当支撑立杆置于土层上时采用槽钢或长木方垫底（土层应夯实平整），如图 3.3-27、图 3.3-28 所示。

图 3.3-27　立杆底部槽钢垫底

图 3.3-28　立杆底部长木方垫底

3.3.9　质量保证措施

（1）模板的接缝不应漏浆；在浇筑混凝土前，木模板应浇水湿润，但模板内不应有积水。

（2）模板与混凝土的接触面应清理干净并涂刷隔离剂，如图 3.3-29 所示。

（3）柱、墙模板底部设置清扫口，有利于清理柱内垃圾杂物，保证柱混凝土的浇捣质量，如图 3.3-30 所示。

图 3.3-29　涂刷隔离剂

图 3.3-30　预留清扫口

3.3.10　模板工程质量检查与验收

模板分项工程质量控制应包括模板的设计、制作、安装和拆除。模板工程施工前应编制施工方案，并应经过审批或论证。施工过程重点检查：施工方案是否可行及落实情况，模板的强度、刚度、稳定性、支撑面积、平整度、几何尺寸、拼缝、隔离剂涂刷、平面位置及垂直、梁底模起拱、预埋件及预留孔洞、施工缝及后浇带处的模板支撑安装等是否符合设计和规范要求，严格控制拆模时混凝土的强度和拆模顺序。

质量要求：

（1）模板垂直度偏差应满足层高不大于5m时允许偏差为6mm，层高大于5m时允许偏差为8mm的要求，模板垂直度检测如图3.3-31所示。

图3.3-31　模板垂直度检查

（2）螺杆位置及间距符合方案要求。

（3）螺母紧固力矩必须满足40～65N·m，螺栓紧固检查如图3.3-32所示。

图3.3-32　螺栓紧固检查

3.3.11　模板成型质量

（1）模板及其支架必须具有足够的强度、刚度和稳定性。

（2）模板拼缝必须严密，不得漏浆，与混凝土接触面应清理干净，并采取防止漏浆措施。

（3）楼板底模安装好后，应复核模板底面标高和板面平整度、拼缝、预埋件和预留洞的准确性，进一步核实梁柱位置，如图 3.3-33 所示。

图 3.3-33　安装完成后的梁板模板

3.3.12　浇筑前准备工作

（1）对浇筑的部位、混凝土强度等级、施工缝留置等要求交底到位。

（2）浇筑混凝土前，应清除模板内和钢筋上的垃圾及污染物；木模应浇水湿润，但不得积水，并将缝隙塞严以防漏浆。

（3）泵送混凝土必须保证混凝土泵的连续工作；输送管道宜直，转弯宜缓，并有可靠的固定措施，如图 3.3-34、图 3.3-35 所示；进行泵送前，应预先用水泥砂浆润滑输送管道内壁。

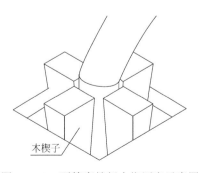

图 3.3-34　泵管穿楼板木楔固定示意图

图 3.3-35　泵管脚手架体固定效果

3.3.13　混凝土浇筑

（1）混凝土运输、浇筑及间歇的全部时间不得超过混凝土初凝时间，当超过初凝时间则应留置施工缝。

（2）混凝土运至浇筑地点时，要核对强度并进行坍落度检测，如图 3.3-36 所示，同时按规定要求留置相应试压块（包括同条件试压块和标准养护试压块）。

图 3.3-36　坍落度检测

（3）控制振捣棒振捣数量与质量，振捣棒插入点间距控制在 500mm 内，应避免碰撞钢筋、模板、预埋件等。

（4）控制好标高，避免浪费，如图 3.3-37 所示；同时应安排钢筋工及时恢复变形、移位的钢筋。

图 3.3-37　标高控制

3.3.14　混凝土收面

（1）混凝土楼地面振捣一次成型，板面原浆抹平，终凝前打磨压实，如图 3.3-38 所示。

（2）收面时必须压实拉毛，如图 3.3-39 所示。

（3）混凝土面平整度控制在 5mm，有坡度要求的，找坡方向准确，坡度满足设计要求。

图 3.3-38　原浆收光　　　　　　　　　图 3.3-39　收面完成效果

3.3.15　混凝土养护

（1）混凝土浇筑完成后 12h 内进行浇水养护（收面后宜采用塑料膜覆盖养护），夏季应增加浇水次数并保证表面润湿，冬期施工应有保温措施（可采用棉布毯、塑料膜或彩条布覆盖），如图 3.3-40、图 3.3-41 所示。

图 3.3-40　塑料薄膜覆盖养护　　　　　　图 3.3-41　棉布毯覆盖养护

（2）混凝土强度未达到要求前，严禁增加荷载或上人（以不踩起脚印为宜）。

3.3.16 施工缝处理

施工缝的位置应设置在结构受剪力较小和便于施工的部位，且应符合下列规定：

（1）柱应留水平缝，梁、板、墙应留垂直缝。

（2）施工缝应留置在基础的顶面、梁或吊车梁牛腿的下面、吊车梁的上面、无梁楼板柱帽的下面。

（3）和楼板连成整体的大断面梁，施工缝应留置在板底面以下 20~30mm 处。当板下有梁托时，留置在梁托下部。

（4）对于单向板，施工缝应留置在平行于板的短边的任何位置。

（5）有主次梁的楼板，宜顺着次梁方向浇筑，施工缝应留置在次梁跨度中间 1/3 的范围内。

（6）梁板楼面混凝土标高必须严格控制，其收口要平齐。

（7）墙上的施工缝应留置在门洞口过梁跨中 1/3 范围内，也可留在纵横墙的交接处。

（8）楼梯施工缝留置在受剪力较小的部位，一般留置在 $L_n/3$（L_n 为梯段净跨）处，即约第三个踏步处，并垂直于梯段板，如图 3.3-42、图 3.3-43 所示。

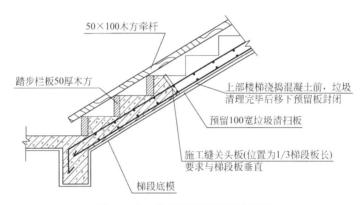

图 3.3-42 楼板施工缝留置示意图

图 3.3-43 楼梯施工缝样板

（9）水池底板一次浇筑完成。底板与池壁的施工缝在池壁下八字以上 150～200mm 处，底板与柱的施工缝设在地板表面。水池池壁竖向一次浇筑到顶板八字以下 150～300mm 处，该处设施工缝。柱基、柱身及柱帽分两次浇筑。第一次浇到柱基以上 100～150mm 处，第二次连同柱帽一起浇到池顶板下皮。池顶一次浇筑完成。

（10）双向受力楼板、大体积混凝土、拱、壳、仓、设备基础、多层刚架及其他复杂结构，施工缝位置应按设计要求留设。

（11）墙、柱接槎及板面接缝要求：

1）在剪力墙、柱浇筑混凝土前，应将水平施工缝混凝土凿毛，清除杂物，冲洗干净，保持湿润，如图 3.3-44、图 3.3-45 所示；在施工缝表面宜铺上一层水泥砂浆，其厚度宜为 20～25mm。

图 3.3-44　外墙施工缝处凿毛　　　　　　图 3.3-45　柱脚浮浆凿除

2）板施工缝根据留设位置用多层板制作梳子板（或采用钢板网）做模板，再用短钢筋进行加固。

3.3.17　后浇带处理

（1）后浇带支撑体系严格按照方案施工，方案考虑后浇带模板支撑体系独立设置，一次支设，二次拆除，不得受相邻结构模板拆除的影响，如图 3.3-46、图 3.3-47 所示。

图 3.3-46　后浇带支撑系统

图 3.3-47　后浇带模板固定

（2）安装止水钢板时，应注意不得将止水钢板焊穿，如图 3.3-48 所示。

图 3.3-48　止水钢板固定

（3）浇筑结构构件混凝土后，流入后浇带中的混凝土应及时清理，清理完毕后立即进行封闭保护，如图 3.3-49 所示。

图 3.3-49　后浇带封闭防护

（4）待结构构件混凝土强度达到设计要求后再次清理后浇带模板，并将钢筋进行恢复，才可浇筑混凝土。

3.3.18　螺杆洞修补

（1）工艺步骤：螺杆洞清理→螺杆洞封堵→砂浆抹平→防水涂膜（仅外墙有）。

（2）用大于孔洞 1～2mm 的冲击钻对准孔洞钻拉，清除孔洞内塑料管及杂物，如图 3.3-50 所示。

（3）孔洞外侧用钢凿子凿出大于孔洞直径 1 倍以上、深度大于 20mm 的喇叭口，如图 3.3-51 所示。

图 3.3-50　清理螺杆洞

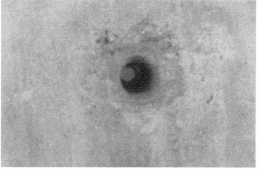

图 3.3-51　清理完成的螺杆洞

（4）用水冲洗干净，用发泡剂堵塞孔洞外留 30mm，如图 3.3-52 所示。

（5）在 1∶2 防水砂浆内掺入膨胀剂（膨胀剂的用量是水泥用量的 4％～5％）堵塞外墙面，如图 3.3-53 所示。

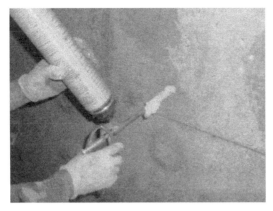
图 3.3-52　发泡剂堵塞孔洞

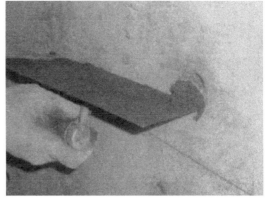
图 3.3-53　砂浆封堵

（6）螺杆孔洞分两次封堵，迎水面做成凸圆形高出墙面 5mm。减少收缩裂缝，待砂浆终凝前再用铁抹子抹压一遍，如图 3.3-54 所示。

图 3.3-54　外墙修补效果

3.3.19　板厚控制

板厚的控制采用最基本的方式"拉线法"（拉通线），所谓"拉线法"，即在柱筋上用红油漆标识结构标高控制线，通过标高控制线标识拉通线测量混凝土浇筑完成面标高。为了能够更为准确地测出现浇板的厚度，在拉通线控制的同时，采用"插钎法"对板厚进行二次测量控制。"插钎法"即按照设计要求的板厚，采用钢筋制作小型钢筋插钎器，如图 3.3-55 所示。在混凝土浇筑施工大面找平时人工插入板中，每 1.5～2m 检查一处，实时检测板厚，如图 3.3-56 所示。

3.3.20　成品保护

（1）混凝土浇筑后，在没有达到设计强度之前严禁在楼板等处集中堆放模板、架料等集中荷载。

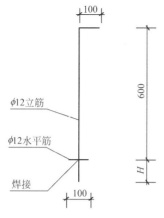

图 3.3-55　插钎控制器　　　　　　　　图 3.3-56　板厚检测

（2）楼层成品混凝土面上按作业程序分批进场施工作业材料，分散均匀尽量轻放。混凝土浇筑后，严格控制拆模时间，严禁过早拆除模板，尤其是梁、板等水平构件模板。

（3）结构完成后不得随意开槽打洞，在混凝土浇筑前先做好预留预埋。

（4）墙柱角、楼梯踏步阳角等部位用保护条保护，保护条由模板角料制作，并涂刷醒目颜色，如图 3.3-57、图 3.3-58 所示。

图 3.3-57　墙柱保护　　　　　　　　图 3.3-58　楼梯踏步阳角保护

3.3.21　混凝土试块制作及养护

（1）试件成型后，在混凝土初凝前 1～2h 内必须进行抹面，沿模口抹平。

（2）成型后带模试件应用湿布或塑料布覆盖，并在 20 ± 2℃的室内静置 1d（但不得超过 2d），然后拆模编号，如图 3.3-59 所示。

（3）拆模后试件应立即送达标准养护室养护，试件间应保持 10～20mm 的距离，并避免直接用水冲淋试件。

（4）同条件养护拆模时间可与构件的实际拆模时间相同；拆模后，试件仍需保持同条件养护，装进钢筋保护笼存放现场，如图 3.3-60 所示。

| 图 3.3-59 拆模编号 | 图 3.3-60 同条件试块存放 |

3.3.22 混凝土工程质量检查与验收

检查混凝土主要组成材料的合格证及复验报告、配合比、坍落度、冬期施工浇筑时入模温度、现场混凝土试块（包括：制作、数量、养护及其强度试验等）、现场混凝土浇筑工艺及方法（包括：预铺砂浆的质量、浇筑的顺序和方向、分层浇筑的高度、施工缝的留置、浇筑时的振捣方法及对模板和其支架的观察等）、大体积混凝土测温措施、养护方法及时间、后浇带的留置和处理等是否符合设计和规范要求；混凝土的实体检测：检测混凝土的强度、钢筋保护层厚度等，检测方法主要有破损法检测和非破损法检测两类。

3.3.23 混凝土成型质量要求

（1）混凝土结构应达到内实外光、面层平整，棱角方正饱满。

（2）墙板阴角、阳角、线、面横平竖直、线条清晰；无蜂窝、麻面，无漏浆、胀模、烂根，如图 3.3-61 所示。

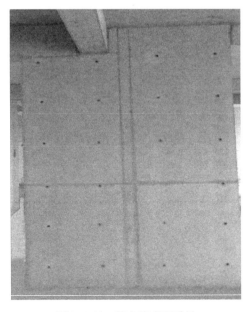

图 3.3-61　剪力墙成型质量

（3）施工缝结合严密平整、无夹杂物，如图 3.3-62、图 3.3-63 所示。

图 3.3-62　楼梯成型质量　　　　　　　　图 3.3-63　梁柱接头成型质量

（4）混凝土楼板表面平整无痕迹，不得有脚印等。

3.4　钢结构工程

3.4.1　基本要求

（1）焊工应当持证上岗，在其合格证规定的范围内施焊。

（2）一、二级焊缝应进行焊缝内部缺陷检验。

（3）高强度螺栓连接副的安装符合设计和规范要求。

（4）钢管混凝土柱与钢筋混凝土梁连接节点核心区的构造应符合设计要求。

（5）钢管内混凝土的强度等级应符合设计要求。

（6）钢结构防火涂料的粘结强度、抗压强度应符合设计和规范要求。

（7）薄涂型、厚涂型防火涂料的涂层厚度符合设计要求。

（8）钢结构防腐涂料涂装的涂料、涂装遍数、涂层厚度均符合设计要求。

（9）多层和高层钢结构主体结构整体垂直度和整体平面弯曲偏差符合设计和规范要求。

（10）钢网架结构总拼完成后及屋面工程完成后，所测挠度值符合设计和规范要求。

3.4.2　钢结构工程质量检查与验收

（1）原材料及成品进场：钢材、焊接材料、连接用的紧固标准件、焊接球、螺栓球、封板、锥头、套筒、金属压型钢板、涂装材料、橡胶垫及其他特殊材料的品种、规格、性能等应符合现行国家产品标准及设计要求，其中进口钢材产品的质量应符合设计和合同规定标准的要求；主要通过产品质量的合格证明文件、中文标志和检验报告（包括抽样复验报告）等进行检查。

（2）钢结构焊接工程：主要检查焊工合格证及其有效期和认可范围，焊接材料、焊钉（栓钉）烘焙记录，焊接工艺评定报告，焊缝外观、尺寸及探伤记录，焊缝预、后热施工记录和工艺试验报告等是否符合设计标准和规范要求。

（3）紧固件连接工程：主要检查紧固件和连接钢材的品种、规格、型号、级别、尺寸、外观及匹配情况，普通螺栓的拧紧顺序、拧紧情况、外露丝扣，高强度螺栓连接摩擦面抗滑移系数试验报告和复验报告、扭矩扳手标定记录、紧固顺序、转角或扭矩（初拧、复拧、终拧）、螺栓外露丝扣等是否符合设计和规范要求。普通螺栓作为永久性连接螺栓时，当设计有要求或对其质量有疑义时，应检查螺栓实物复验报告。

（4）钢零件及钢部件加工：主要检查钢材切割面或剪切面的平面度、割纹和缺口的深度、边缘缺棱、型钢端部垂直度、构件几何尺寸偏差、矫正工艺和温度、弯曲加工及其间隙、刨边允许偏差和粗糙度、螺栓孔质量（包括：精度、直径、圆度、垂直度、孔距、孔边距等）、管和球的加工质量等是否符合设计和规范要求。

（5）钢结构安装：主要检查钢结构零件及部件的制作质量、地脚螺栓及预留孔情况、安装平面轴线位置、标高、垂直度、平面弯曲、单元拼接长度与整体长度、支座中心偏移与高差、钢结构安装完成后环境影响造成的自然变形、节点平面紧贴的情况、垫铁的位置及数量等是否符合设计和规范要求。

（6）钢结构涂装工程：防腐涂料、涂装遍数、间隔时间、涂层厚度及涂装前钢材表面处理应符合设计要求和国家现行有关标准，防火涂料粘结强度、抗压强度、涂装厚度、表面裂纹宽度及涂装前钢材表面处理和防锈涂装等应符合设计要求和国家现行有关标准。

（7）其他：钢结构施工过程中，用于临时加固、支撑的钢构件，其原材、加工制作、焊接、安装、防腐等应符合相关技术标准和规范要求。

3.5 装配式混凝土工程

3.5.1 基本要求

（1）预制构件的质量、标识符合设计和规范要求。

（2）预制构件的外观质量、尺寸偏差和预留孔、预留洞、预埋件、预留插筋、键槽的位置符合设计和规范要求。

（3）夹芯外墙板内外叶墙板之间的拉结件类别、数量、使用位置及性能符合设计要求。

（4）预制构件表面预贴饰面砖、石材等饰面与混凝土的粘结性能符合设计和规范要求。

（5）后浇混凝土中钢筋安装、钢筋连接、预埋件安装符合设计和规范要求。

（6）预制构件的粗糙面或键槽符合设计要求。

（7）预制构件与预制构件、预制构件与主体结构之间的连接符合设计要求。

（8）后浇筑混凝土强度符合设计要求。

（9）钢筋灌浆套筒、灌浆套筒接头符合设计和规范要求。

（10）钢筋连接套筒、浆锚搭接的灌浆应饱满。

（11）预制构件连接接缝处防水做法符合设计要求。

（12）预制构件的安装尺寸偏差符合设计和规范要求。

（13）后浇混凝土的外观质量和尺寸偏差符合设计和规范要求。

3.5.2 钢筋混凝土构件安装工程质量检查与验收

钢筋混凝土构件安装工程质量控制主要包括预制构件和连接质量控制。施工过程质量控制主要检查：构件的合格证（包括生产单位、构件型号、生产日期、质量验收标志）、构件的外观质量（包括构件上的预埋件、插筋和预留孔洞的规格、位置和数量）、标志标识（位置、标高、构件中心线位置、吊点）、尺寸偏差、结构性能、临时堆放方式、临时加固措施、起吊方式及角度、垂直度、接头焊接及接缝、灌浆用细石混凝土原材料合格证及复试报告、配合比、坍落度、现场留置试块强度，灌浆的密实度等是否符合设计和规范要求。

3.5.3 预应力混凝土工程质量检查与验收

（1）后张法预应力工程的施工应具有相应资质等级的预应力专业施工单位承担。

（2）预应力筋张拉机具设备及仪表：主要检查维护、校验记录和配套标定记录是否符合设计和规范要求。

（3）预应力筋：主要检查品种、规格、数量、位置、外观状况及产品合格证、出厂检验报告和进场复验报告等是否符合设计要求和有关标准的规定。

（4）预应力筋锚具和连接器：主要检查品种、规格、数量、位置等是否符合设计和规范要求。

（5）预留孔道：主要检查规格、数量、位置、形状及灌浆孔、排气兼泌水管等是否符合设计和规范要求。金属螺旋管还应检查产品合格证、出厂检验报告和进场复验报告等。

（6）预应力筋张拉与放张：主要检查混凝土强度、构件几何尺寸、孔道状况、张拉力（包括：油压表读数、预应力筋实际与理论伸长值）、张拉或放张顺序、张拉工艺、预应力筋断裂或滑脱情况等是否符合设计和规范要求。

（7）灌浆及封锚：主要检查水泥和外加剂的产品合格证、出厂检验报告和进场复验报告、水泥砂浆配合比和强度、灌浆记录、外露预应力筋切割方法、长度及封锚状况等是否符合设计和规范要求。

（8）其他：主要检查锚固区局部加强构造等是否符合设计和规范要求。

3.6 砌体工程

3.6.1 基本要求

（1）砌块质量符合设计和规范要求。

（2）砌筑砂浆的强度符合设计和规范要求。

（3）严格按规定留置砂浆试块，做好标识。

（4）墙体转角处、交接处必须同时砌筑，临时间断处留槎符合规范要求。

（5）灰缝厚度及砂浆饱满度符合规范要求。

（6）构造柱、圈梁符合设计和规范要求。

3.6.2 砌筑前准备工作

（1）根据设计要求将门洞和有水房间混凝土翻边的位置，用墨线在楼面进行标注，如图 3.6-1 所示。

图 3.6-1 测量放线图

（2）按墙段实量尺寸、洞口位置和砌块规格尺寸绘制砌块排版图，如图 3.6-2 所示。

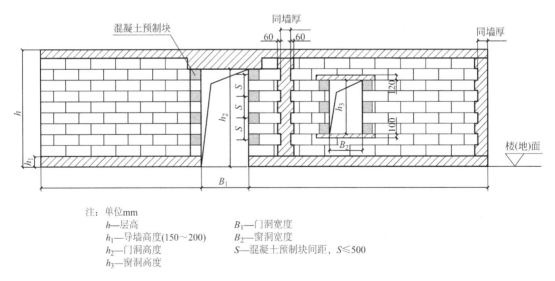

注：单位mm
h—层高
h_1—导墙高度(150～200)
h_2—门洞高度
h_3—窗洞高度
B_1—门洞宽度
B_2—窗洞宽度
S—混凝土预制块间距，$S \leqslant 500$

图 3.6-2 绘制排版图

3.6.3 混凝土导墙

（1）木方加固间距≤600mm，同时外侧及上口用 U 形模板条控制翻边厚度（过梁、拉梁和压顶均采用此方法加固），导墙模板加固如图 3.6-3 所示。

（2）厨卫间、外墙翻边高度不低于200mm；出屋面导墙高度不低于600mm。

（3）水电预埋应在浇筑前完成，要求定位准确，加固牢靠，不得后凿，如图3.6-4所示。

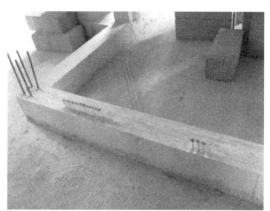

图3.6-3　导墙模板加固　　　　　　　　图3.6-4　导墙成型和水电预埋

3.6.4　砌筑要点

（1）砌筑时一定要设置皮数杆并带线，保证"上跟线、下跟棱，左右相邻要对平"，如图3.6-5所示。

（2）灰缝应横平竖直、砂浆饱满，内墙水平和垂直灰缝饱满度均应≥80％，外墙灰缝饱满度均应为100％，如图3.6-6所示。

图3.6-5　设置皮数杆　　　　　　　　图3.6-6　灰缝横平竖直且砂浆饱满

（3）砌体的砂浆强度等级不应低于M5；实心块体的强度等级不宜低于MU2.5，空心块体的强度等级不宜低于MU3.5；墙顶应与框架梁密切结合。

（4）施工中不应采用强度等级小于 M5 水泥砂浆替代同强度等级水泥混合砂浆，如需代替，应将水泥砂浆提高一个强度等级。

（5）填充墙的水平灰缝厚度和竖向灰缝宽度应正确，烧结空心砖、轻骨料混凝土小型空心砌块砌体的灰缝宽度应为 8～12mm；当蒸压加气混凝土砌块砌体采用水泥砂浆、水泥混合砂浆或蒸压加气混凝土砌块砌筑砂浆时，水平灰缝厚度和竖向灰缝宽度不应超过 15mm；当蒸压加气混凝土砌块砌体采用蒸压加气混凝土砌块粘结砂浆时，水平灰缝厚度和竖向灰缝宽度宜为 3～4mm。

图 3.6-7　专用切割机

（6）楼梯间和人流通道的填充墙应采用钢丝网砂浆面层加强。

（7）蒸压加气混凝土砌块采用切割机或专用工具切割，严禁用刀或斧砍，如图 3.6-7 所示。

3.6.5　构造柱和拉结钢筋

（1）构造柱纵向钢筋不应小于 4φ12、箍筋不小于 φ6，并符合设计要求。

（2）构造柱纵向钢筋顶部和底部应锚入混凝土梁或板中，如图 3.6-8 所示。

（3）填充墙应沿框架柱全高每隔 500～600mm 设 2φ6 拉筋，拉筋伸入墙内的长度，6°、7°时宜沿墙全长贯通，8°、9°时应全长贯通，同时应满足设计要求，如图 3.6-9 所示。

图 3.6-8　构造柱钢筋

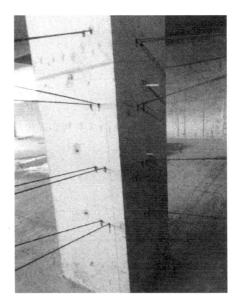

图 3.6-9　拉结钢筋

3.6.6　构造柱和拉梁

根据《建筑抗震设计规范》GB 50011—2010 规定：砌体填充墙墙长大于 5m 时，墙顶与梁宜有拉结；墙长超过 8m 或层高 2 倍时，宜设置钢筋混凝土构造柱；墙高超过 4m 时，墙体半高处宜设置与柱连接且墙全长贯通的钢筋混凝土水平系梁。同时应满足设计要求，填充墙构造柱和水平系梁如图 3.6-10 所示。

图 3.6-10　构造柱和水平系梁

3.6.7　构造柱马牙槎和浇筑口

（1）构造柱与墙体交接处留出马牙槎，马牙槎先退后进，宽度为 60mm。
（2）沿砌体马牙槎凹凸边缘贴上双面胶带，如图 3.6-11 所示。
（3）顶部模板安装成喇叭式进料口，进料口应比构造柱高出 100mm，如图 3.6-12 所示。

图 3.6-11　马牙槎留置

图 3.6-12　进料口设置

（4）浇筑构造柱混凝土时应把进料口也浇筑满，拆模后将突出的混凝土凿掉即可。

3.6.8 构造柱模板加固

（1）先要对构造柱模板范围内的墙体平整度及垂直度进行检查，误差不超过 5mm。

（2）沿构造柱马牙槎处粘贴双面胶条，要求连续、粘贴牢固；双面胶条采用搭接，不得间断。

（3）模板选材应表面完好、无污染；模板宽度比马牙槎退槎宽度大 200mm。

（4）模板采用 ϕ14 螺杆对拉方式加固，模板两侧沿竖向加木方背楞，木方外侧加装双钢管水平背楞。

（5）构造柱模板的对拉螺杆宜设置于构造柱中。

（6）模板顶部、底部的对拉螺杆眼距离模板端部边沿均为 150mm，中间对拉螺杆眼间距≤600mm。如图 3.6-13 所示。

图 3.6-13　构造柱模板加固

（7）构造柱模板在混凝土浇筑 24h 后方可拆除，气温低时，应适当延长拆模时间。

3.6.9 墙体顶砖

（1）填充墙砌至接近梁、板底时，应留一定空隙，待填充墙砌筑完成后，应至少间隔 14d，再将其补砌、挤紧。

（2）顶砖高度宜为 200mm，倾斜角度为 45°～60°，"倒八字"砌筑，采用三角形混凝土预制块收口，保证顶砖砂浆饱满，防止梁底通长裂缝的出现，如图 3.6-14 所示。

3.6.10 门窗洞口

（1）当门窗洞口大于 1000mm 时，应加设与墙同厚的钢筋混凝土门窗过梁、窗台板；宽 1000mm 及以下的门窗洞，采用钢筋混凝土过梁时，其入墙长度不宜小于 250mm；过梁入墙长度不够时，应进行植筋或打入膨胀螺栓再焊接。

图 3.6-14　填充墙顶砖

（2）可采用预制混凝土过梁，但过梁尺寸需要满足规范规定。

（3）金属门窗框预埋件的数量、位置、预埋方式、与框的连接方式必须符合设计和规范要求。建议采用预制混凝土块补槎，并与门窗安装固定，保证门窗的稳定性。

3.6.11　墙体开槽和修补

（1）墙体开槽前，应先根据控制线在墙面上将部位、尺寸标注清楚，然后用专用工具进行施工，如图 3.6-15、图 3.6-16 所示。

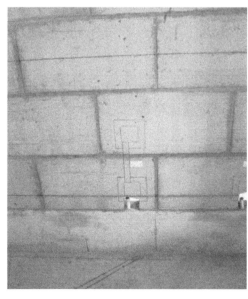

图 3.6-15　放线定位

图 3.6-16　切槽整齐精细

（2）槽宽小于40mm用高强度等级的水泥砂浆分两次补槽，槽宽大于40mm时，采用细石混凝土补槽，如图3.6-17所示。

图3.6-17 补槽平整

（3）在有条件的情况下，砖墙砌筑时与水电预埋同步施工，这样既可保证砖墙的稳定、牢固与美观，同时也保护了预埋管线，避免了开槽影响砖墙尤其是半砖墙的整体稳定性。

3.6.12 墙体开孔

（1）强弱电箱预埋时采用U形混凝土预制块，减少剔凿，避免墙体开裂隐患，如图3.6-18所示。

图3.6-18 电箱洞U形预制块

（2）外墙空调开洞采用混凝土预制块，规格尺寸和位置根据设计要求确定，并可做成内高外低，避免雨水倒流，如图3.6-19所示。

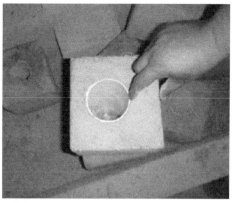

图 3.6-19　空调穿墙洞预制块

3.6.13　砌体工程质量检查与验收

（1）砌体材料：主要检查产品的品种、规格、型号、数量、外观状况及产品的合格证、性能检测报告等是否符合设计标准和规范要求。块材、水泥、钢筋、外加剂等尚应检查产品主要性能的进场复验报告。严禁使用国家明令淘汰的材料。

（2）砌筑砂浆：主要检查配合比、计量、搅拌质量（包括：稠度、保水性等）、试块（包括：制作、数量、养护和试块强度等）等是否符合设计标准和规范要求。

（3）砌体：主要检查砌筑方法、皮数杆、灰缝（包括：宽度、瞎缝、假缝、透明缝、通缝等）、砂浆保满度、砂浆粘结状况、块材的含水率、留槎、接槎、洞口、脚手眼、标高、轴线位置、平整度、垂直度、封顶及砌体中钢筋品种、规格、数量、位置、几何尺寸、接头等是否符合设计和规范要求。

（4）其他：砌体施工时，楼面和屋面堆载不得超过楼板的允许荷载值。

3.7　防水工程

3.7.1　基本要求

（1）严禁在防水混凝土拌合物中加水。

（2）防水混凝土的节点构造符合设计和规范要求。

（3）中埋式止水带埋设位置符合设计和规范要求。

（4）水泥砂浆防水层各层之间应结合牢固。

（5）地下室卷材防水层的细部做法符合设计要求。

（6）地下室涂料防水层的厚度和细部做法符合设计要求。

（7）地面防水隔离层的厚度符合设计要求。

（8）地面防水隔离层的排水坡度、坡向符合设计要求。

（9）地面防水隔离层的细部做法符合设计和规范要求。

（10）有淋浴设施的墙面的防水高度符合设计要求。

（11）屋面防水层的厚度符合设计要求。

（12）屋面防水层的排水坡度、坡向符合设计要求。

（13）屋面细部的防水构造符合设计和规范要求。

（14）外墙节点构造防水符合设计和规范要求。

（15）外窗与外墙的连接处做法符合设计和规范要求。

3.7.2 防水工程质量检查与验收

防水工程应按现行国家标准《地下防水工程质量验收规范》GB 50208、《屋面工程质量验收规范》GB 50207 等规范进行检查与验收。

1. 施工前检查与检验

材料：所用卷材及其配套材料、防水涂料和胎体增强材料、刚性防水材料、聚乙烯丙纶及其粘结材料等材料的出厂合格证、质量检验报告和现场抽样复验报告（查证明和报告，主要是查材料的品种、规格、性能等），卷材与配套材料的相容性、配合比等均应符合设计要求和国家现行有关标准规定。

防水混凝土原材料（包括：掺合料、外加剂）的出厂合格证、质量检验报告、现场抽样试验报告、配合比、计量、坍落度。

人员：分包队伍的施工资质、作业人员的上岗证。

2. 施工过程检查与检验

（1）地下防水工程：

防水层基层状况（包括：干燥、干净、平整度、转角圆弧等）；卷材铺贴的方向及顺序、附加层、搭接长度及搭接缝位置、试验报告；转角处、变形缝、穿墙管道等细部做法。

防水混凝土模板及支撑、混凝土的浇筑（包括：方案、搅拌、运输、浇筑、振捣、抹压等）和养护、施工缝或后浇带及预埋件（套管）的处理、止水带（条）等的预埋、试块的制作和养护、防水混凝土的抗压强度和抗渗性能试验报告、隐蔽工程验收记录、质量缺陷情况和处理记录。

（2）屋面防水工程：

基层状况（包括：干燥、干净、坡度、平整度、分格缝、转角圆弧等）；卷材铺贴的方向及顺序、附加层、搭接长度及搭接缝位置、泛水的高度、试验报告；女儿墙压顶的坡向及坡度；排气孔设置、细部构造处理；防水保护层；隐蔽工程验收记录、质量缺陷情况和处理记录。

（3）厨房、厕浴间防水工程：

基层状况（包括：干燥、干净、坡度、平整度、转角圆弧等）、涂膜的方向及顺序、附加层、涂膜厚度、防水的高度、管根处理、防水保护层、隐蔽工程验收记录、质量缺陷情况和处理记录。

3. 施工完成后的检查与检验

（1）地下防水工程：检查标识好的"背水内表面的结构工程展开图"，核对地下防水渗漏情况，检验地下防水工程整体施工质量是否符合要求。

（2）屋面防水工程：防水层完工后，应在雨后或持续淋水 2h 后（有可能作蓄水检验的屋面，其蓄水时间不应少于 24h），检查屋面有无渗漏、积水和排水系统是否畅通，施工质量符合要求方可进行防水层验收。

（3）厨房、厕浴间防水工程：厨房、厕浴间防水层完成后，应做 24h 蓄水试验，蓄水高度在最高处为 20～30mm，确认无渗漏时再做保护层和面层。设备与饰面层施工完后还应在其上继续做第二次 24h 蓄水试验，达到最终无渗漏和排水畅通为合格，合格后方可进行正式验收。

3.8 装饰装修工程

3.8.1 基本要求

（1）外墙外保温与墙体基层的粘结强度符合设计和规范要求。
（2）抹灰层与基层之间及各抹灰层之间应粘结牢固。
（3）外门窗安装牢固。
（4）推拉门窗扇安装牢固，并安装防脱落装置。
（5）幕墙的框架与主体结构连接、立柱与横梁的连接符合设计和规范要求。
（6）幕墙所采用的结构粘结材料符合设计和规范要求。
（7）应按设计和规范要求使用安全玻璃。
（8）重型灯具等重型设备严禁安装在吊顶工程的龙骨上。
（9）饰面砖粘贴牢固。
（10）饰面板安装符合设计和规范要求。
（11）护栏安装符合设计和规范要求。

3.8.2 抹灰工程

1. 测量放线
（1）房间面积较大时应在地上弹出十字中心线，然后按基层面平整度弹出墙角线，然后在距墙角阴角 100mm 处吊垂线弹出铅垂线，再按地上弹出的墙角线往墙上翻弹出阴角两面墙上的墙面抹灰层厚度控制线，如图 3.8-1 所示。

图 3.8-1　测量放线

（2）测量引用的控制点或控制线需与主体控制点或控制线相同。

（3）楼层四大角、转角及门窗洞等外墙面均要保证有线可查，并保证吊线的准确性。

2. 甩浆及铺设钢丝网

（1）抹灰前在墙面喷界面处理剂，如图 3.8-2 所示。

（2）不同材料交界处铺设钢丝网，搭接宽度不小于 100mm，防止墙面开裂（渗漏），如图 3.8-3 所示。

图 3.8-2　甩浆

图 3.8-3　铺设钢丝网

（3）采用 20mm×20mm 网眼钢丝网，采用射钉枪固定，射钉间距 200mm。

（4）抹灰层厚度超过 35mm 应增设一道钢丝网。

3. 做灰饼、冲筋

（1）根据规方线拉通线在墙面四周用 1:3 水泥砂浆做 50mm×50mm 的灰饼。

（2）灰饼间距根据房间尺寸确定，一般为 1.2~1.5m，如图 3.8-4（a）所示。

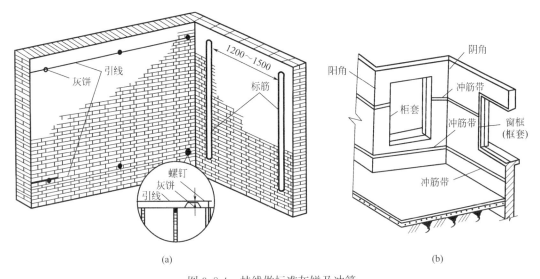

（a）

（b）

图 3.8-4　挂线做标准灰饼及冲筋

（a）灰饼、标筋位置示意；（b）水平横向标筋示意

（3）当灰饼砂浆达到7成干时，即可用与抹灰层相同砂浆冲筋，冲筋根数应根据房间的宽度和高度确定，一般标筋宽度为50mm。两筋间距不大于1.5m。

（4）当墙面高度小于3.5m时宜做立筋，大于3.5m时宜做横筋，做横向冲筋时做灰饼的间距不宜大于2m，如图3.8-4（b）所示。

4. 护角

（1）墙、柱阳角应在墙、柱面抹灰前用1：2水泥砂浆做护角，如图3.8-5所示。

（2）护角高度自地面以上2m，每侧宽度不应小于50mm，如图3.8-6所示。

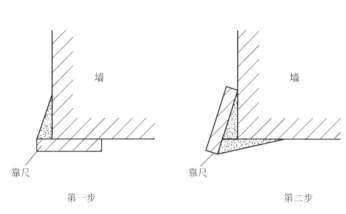

图 3.8-5　护角做法

图 3.8-6　护角完成效果

5. 罩面

（1）外墙、厨卫间、地下室墙面要采用水泥砂浆，厨卫间墙面要进行拉毛处理。

（2）抹灰表面应光滑、洁净、颜色均匀、接槎平整，分格缝清晰，如图3.8-7所示。

图 3.8-7　面层完成效果

（3）应保证立面垂直度、平整度、阴阳角方正、分格条直线度、墙裙、勒脚上口直线度、贴脸突出厚度要符合规范要求。

（4）抹灰前应将基体充分浇水均匀润透，防止基体浇水不透造成抹灰砂浆中的水分很快被基体吸收，造成质量问题。

（5）严格控制各层抹灰厚度，防止一次抹灰过厚，造成空鼓、开裂等质量问题。

3.8.3 地面工程

1. 测量放线

根据楼层标高控制点测放建筑 1m 水平控制线，如图 3.8-8 所示。

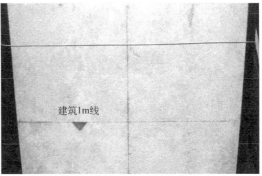

图 3.8-8　测放 1m 控制线

2. 基层处理和作灰饼

（1）基层需清理干净，不得有浮浆、垃圾等，如图 3.8-9 所示。

（2）第一排灰饼从墙根开始设置，阴阳角均需设置，间距≤1.5m，如图 3.8-10 所示。

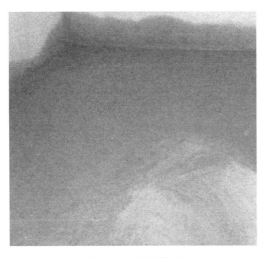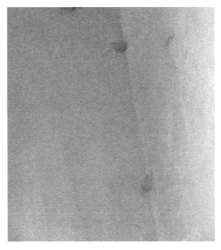

图 3.8-9　基层处理　　　　　　　　　　　　图 3.8-10　灰饼

3. 防水处理

（1）穿楼板的套管与管道之间缝隙应用阻燃密实材料和防水油膏填实，厨卫间地面管道边做防水附加层，墙身阴阳角做圆弧处理。

（2）在管道穿过楼板面四周，防水材料应向上铺涂，并超过套管的上口，如图 3.8-11 所示。

（3）在靠近墙面处，应高出面层 200～300mm 或按设计要求的高度铺涂。

（4）阴阳角和管道穿过楼板面的根部应增加铺涂防水附加层，如图 3.8-12 所示。

图 3.8-11 管道部位处理	图 3.8-12 防水附加层施工

4. 面层施工

（1）初凝前，应完成面层抹平、搓打均匀，待混凝土开始凝结即用铁抹子分遍抹压面层，注意不得漏压，并将面层的凹坑、砂眼和脚印压平，在混凝土终凝前需将抹子纹痕抹平压光，如图 3.8-13、图 3.8-14 所示。

图 3.8-13 抹平收光	图 3.8-14 完成效果

（2）在抹平压光过程中，如出现表面泌水或需赶抢时间难以抹光时，宜采用干拌砂浆，一般用 1∶2～1∶2.5 的水泥和砂体积比，均匀撒布在面层上，待水被吸收后即可抹平压光，但应防止面层起砂、起灰和龟裂等缺陷的发生。

3.8.4 门窗工程

1. 放线

（1）安装前应弹出门窗洞口的中心线，从中心线确定基准洞口宽度。

（2）门窗框安装后，应与墙面阳角线尺寸保持一致。在洞口两侧弹出同一标高的水平线，且水平线在同一楼层内标高均应相同。

2. 门窗框安装

（1）门窗框安装工作宜在室内、外抹灰找平、刮糙等湿作业完毕后进行。

（2）门窗扇安装在内外墙面面层及楼地面工程施工完成后再安装。

（3）为了保证门窗框安装牢固，预埋件、块及连接铁件一定要符合要求。门窗四面的缝隙不宜过大或过小，应基本平均。

（4）安装时按照弹线位置，将门窗框临时用木楔固定，用水平尺和托线板反复校正门窗框的垂直度及水平度，并调整木楔直至门窗框垂直水平。最后用射钉将其连接固定在墙体上（加气块或黏土空心砖墙体固定在预埋混凝土块上）。检查校正后贴上保护胶纸，以后施工时，严禁搁置脚手板或其他重物。

（5）门窗框与墙体的固定位置：应设在窗角、中横框、中竖框交点 150mm 处，固定点的间距应不大于 500mm。

（6）门窗框与墙体间的缝隙采用发泡剂填塞，如图 3.8-15 所示。

图 3.8-15　填塞发泡剂

3. 防渗漏措施

（1）门窗框与墙体间隙处理：外门窗应先内填塞发泡剂，再用专用密封胶密封，或用砂浆分两次填塞密实。

（2）外窗台必须向外找坡，设计无要求时坡度＞6％，防止窗台渗水。

4. 成品保护

（1）装饰施工时要加强保护，不得随意破坏窗框的保护胶纸。墙体施工完成后才可以将保护胶纸撕去。保护胶纸在型材表面留下的胶痕，宜用橡胶水清理干净。

（2）在交叉施工中，特别是拆除外架过程中，应采用挡板进行封闭，以保护安装好的门窗框，以免钢管或硬物磕碰。

3.8.5　屋面工程

1. 出屋面烟道

（1）平屋面烟道超出建筑物完成面至少 600mm，且不得低于女儿墙高度。坡屋面应根据排出口周围遮挡物的高度、距离和积雪深度等因素确定。

（2）烟道四周应增设防水层和附加层，附加层宽度和防水层高度不小于300mm，如图3.8-16所示。

2. 出屋面排气管

（1）排气管道外壁包裹一层玻璃布，防止保温层中颗粒将管道上的排气孔堵死。

（2）根据屋面的情况布置排气管道，排气管道要纵横贯通，在保温层内形成有效的排气网。

（3）在排气管道上设置排气出口，排气出口与大气相通，在排气管出口处要做防水处理，防水层高度不低于300mm，并采取防水层防护措施，如图3.8-17所示。

图3.8-16 烟道四周防水处理

图3.8-17 排气管出口防水细部处理

（4）在屋面面积每36m²的范围设置1个出气口，尽量和屋面分格缝重合，并排列整齐，如图3.8-18所示。

图3.8-18 排气管排列整齐

3. 出屋面通气管

（1）通气管不得与风道或烟道连接，高出屋面完成地面 300mm 以上，屋顶有隔热层应从隔热层板面算起。

（2）在经常有人停留的平屋顶上，通气管应高出屋面 2m，如图 3.8-19 所示，金属管应根据防雷要求设置防雷装置。

（3）PVC 通气管因其强度、刚度较低，可使用砖墙砌筑保护，如图 3.8-20 所示。

图 3.8-19　上人屋面通气管

图 3.8-20　砖墙保护

图 3.8-21　涂刷冷底子油

4. 屋面防水

（1）防水层基层的混凝土或砂浆配比准确，具有足够强度，外表平整、干净、干燥，外表不酥松、不起皮、不起砂、不开裂。

（2）基层处理剂应与卷材相容，应配比正确，搅拌均匀，喷、涂前先对细部节点进行刷涂，应均匀一致，如图 3.8-21所示。

（3）冷粘法铺贴卷材下面的空气应排尽，并辊压粘贴牢靠。

（4）卷材应平整顺直，搭接尺寸准确，不得扭曲、折褶。接缝口应用密封材料缝严，宽度不小于 10mm。

（5）阴阳角部位必须按照规范要求设置附加层，如图3.8-22、图3.8-23所示。

图3.8-22　阳角附加层　　　　　　　　　　　图3.8-23　阴角附加层

5. 泛水

（1）女儿墙阴阳角部位设置45°倒角，卷材顺女儿墙铺贴至女儿墙顶端檐下，卷材收头的端部顶部裁齐，收头用金属压条钉压牢固，用密封膏封闭压条上口及固定点处。

（2）女儿墙与屋面交接处做成圆弧形。在铺贴屋面地砖时，屋面地砖铺贴到圆弧的结束处，在地砖与圆弧的交界处设置凹槽，槽内填塞密封胶，如图3.8-24、图3.8-25所示。

图3.8-24　阴角处理效果　　　　　　　　　　图3.8-25　阳角处理效果

6. 女儿墙

（1）砌体女儿墙每隔3m及转角处均匀设置构造柱并设置压顶梁。

（2）女儿墙防水卷材铺贴完毕后，在其表面抹灰，采用纤维混合水泥砂浆抹灰，设置分格缝，分格缝间距不大于6m一道，缝宽20mm，分格缝用密封膏封闭，如图3.8-26所示。

（3）女儿墙压顶粉刷出水泥砂浆挡水线，防止雨水污染外墙面，如图3.8-27所示。

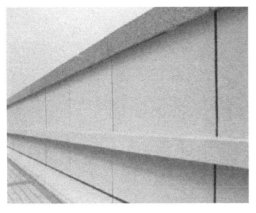
图 3.8-26　分格缝

图 3.8-27　挡水线

7. 天沟和过水口

（1）屋面天沟卷材防水层应由沟底翻上到沟外檐顶部，卷材收头应用水泥钉固定，并用密封材料封严，如图 3.8-28 所示。

（2）可用预留管做过水口，管径不得小于 75mm，管口底部标高与相邻屋面完成最低处相平，如图 3.8-29 所示。

图 3.8-28　屋面天沟

图 3.8-29　过水管

8. 水落口

（1）高跨屋面向低跨屋面排水时，在低屋面排水口处设置接水簸箕，如图 3.8-30 所示。

（2）水落口杯上口的标高应设置在沟底的最低处。防水层贴入水落口杯内不应小于 50mm。

（3）水落口周围直径为 500mm 范围内的坡度不应小于 5%，并采用防水涂料或密封材料涂封，其厚度不应小于 2mm，如图 3.8-31 所示。

9. 变形缝和避雷带

（1）缝口处应用伸缩片覆盖，缝内应填充泡沫塑料或沥青麻丝，上部填放衬垫材料，并用卷材封盖，接缝处要用油膏封严密，顶部加扣金属板，如图 3.8-32 所示。

（2）避雷带固定牢固，焊缝饱满，且连续设置，如图 3.8-33 所示。

图 3.8-30　接水簸箕

图 3.8-31　水落口

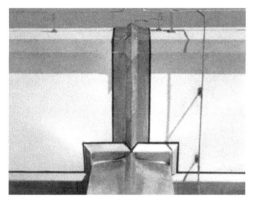

图 3.8-32　变形缝

图 3.8-33　避雷带

10. 面层

（1）面层砖铺贴时应双向留缝，缝宽 10mm，采用 1∶1 水泥砂浆勾缝。当屋顶面积较大时，不大于 6m×6m 设置伸缩缝，留置 20mm 宽缝，用柔性防水材料填缝，如图 3.8-34、图 3.8-35 所示。

图 3.8-34　整体效果

图 3.8-35　缝隙均匀密实

（2）面层排砖应考虑整体效果美观，应尽量采用整砖排布，若出现非整砖，其宽度不宜小于整砖宽度的 2/3 或变色做装饰带。

11. 屋面管道和栈桥

（1）屋面管道控制在同一标高上，如图 3.8-36 所示。

（2）管道支架和支座位置按设计要求设置，并与屋面连接牢固。在需要的部位设置栈桥，如图 3.8-37 所示。

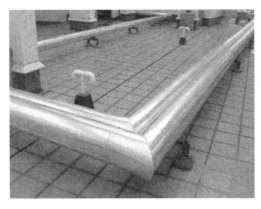

图 3.8-36　管道安装细部　　　　　　　图 3.8-37　管道栈桥

12. 屋面整体效果

（1）透气管、避雷墩纵横成一条线。

（2）分格缝间距统一、线条排布均匀顺直，如图 3.8-38 所示。

（3）所有出屋面管道、设备安装整齐，如图 3.8-39 所示。

图 3.8-38　屋面完成面　　　　　　　图 3.8-39　屋面设备安装整齐

3.8.6　建筑细部构造

1. 楼梯细部构造

（1）踏步规格统一，平台无大小头。

（2）滴水线顺直清晰且连贯，踢脚线上口连通平整，如图 3.8-40 所示。

图 3.8-40　踢脚线

（3）踏步齿角整齐，防滑条、挡水线清晰顺直，如图 3.8-41、图 3.8-42 所示。

图 3.8-41　防滑条和挡水线

图 3.8-42　滴水线

2. 变形缝

（1）宽度应符合设计要求，缝内清理干净，以柔性密封材料嵌填后用板封盖，并应与面层齐平，如图 3.8-43、图 3.8-44 所示。

（2）变形缝盖板从上向下顺槎搭接。

3. 落水管

（1）落水管排水口距离地面不大于 200mm，如图 3.8-45 所示。

（2）卡子间距不大于 2m，在排水口弯头拐弯处设一道管卡，最下面一道设置双卡子。

（3）雨水管卡与墙面连接处应打胶封闭。

（4）雨水管卡应设置牢固、距离均匀一致、距墙面 20mm，如图 3.8-46 所示。

4. 散水

（1）散水与外墙面应做断缝处理，注封闭胶或灌沥青砂。断缝宽度为 20mm，胶面平整、光滑，如图 3.8-47 所示。

图 3.8-43　整体效果

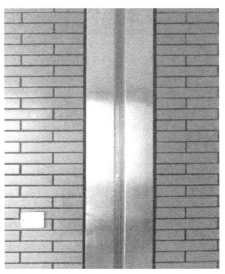

图 3.8-44　细部观感

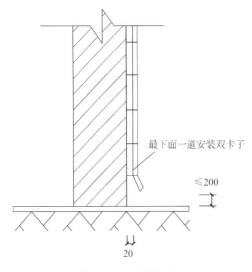

最下面一道安装双卡子

≤200

20

图 3.8-45　安装方法

图 3.8-46　安装效果

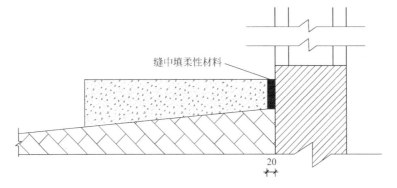

缝中填柔性材料

20

图 3.8-47　填塞柔性材料

（2）散水转角处设置断缝，注封闭胶或沥青砂，如图 3.8-48、图 3.8-49 所示。

图 3.8-48　阳角转角处断缝

图 3.8-49　阴角转角处断缝

（3）室外台阶、坡道也应与建筑物主体断开设缝，缝应宽窄一致、顺直，缝中填注柔性材料。

5．滴水线和鹰嘴

（1）挑板、挑檐、阳台、雨篷、檐口、门窗楣、外窗台、门廊等底部、突出外墙的所有装饰线条需做滴水线（槽）或鹰嘴，如图 3.8-50 所示。

（2）一般情况，突出墙面宽度＜60mm 做鹰嘴，≥60mm 做滴水线（槽）。

（3）滴水线槽宽、深各 10mm，线条距边 30mm，如图 3.8-51 所示。

图 3.8-50　窗洞上口设鹰嘴

图 3.8-51　挑板下沿设滴水线

6．集水井和排水沟

（1）集水井、排水沟盖板稳固，符合规范和设计要求，棱角清晰无污染，如图 3.8-52 所示。

（2）盖板铺设严密平整，与周围地面相齐，如图 3.8-53 所示。

图 3.8-52　集水井

图 3.8-53　排水沟盖板

7. 地下车道

（1）防滑槽（条）间距一致、线条清晰顺直，如图 3.8-54 所示。

（2）车道划线贴美纹纸施工，如图 3.8-55 所示。

图 3.8-54　整体观感

图 3.8-55　防滑凹槽坡道标线

（3）整个车道色泽一致，无污染。

8. 水电压槽

厨房、卫生间剪力墙水电压槽，可采用钢管或圆木杆剖半后根据设计图纸要求固定在模板上，如图 3.8-56 所示。待浇筑混凝土后拆除即可，如图 3.8-57 所示。

3.8.7　装饰装修工程施工过程检查与检验

检查是通过检验、试验、验证、确认和评审等活动，获得满足或不满足要求的客观证据。其中，检验与试验针对产品、过程或服务的质量特性所作的技术性检查活动。检验是通过观察和判断，适当时结合测量、试验所进行的符合性评价；试验是按照程序确定一个或多个特性。验证、确认和评审是一种管理性的检查活动。

本条所称建筑装饰装修工程质量检查主要是指工序质量自检和对工程质量控制资料

图 3.8-56　压槽模板

图 3.8-57　成型观感

（文件和记录）的检查；建筑装饰装修工程质量检验主要是指对原材料、设备进场检验、施工过程的试验、有关安全和功能的项目检测及各工序完成之后或各专业工种之间应进行的交接检验。建筑工程专业建造师在主持编制项目实施规划（施工组织设计）时，应策划建筑装饰装修工程质量检查与检验计划，并形成文件。

质量控制资料检查的主要检查内容有：

（1）工程的施工图、设计说明及其他设计文件。

（2）材料的产品合格证书、性能检测报告、进场验收记录和复验报告。

（3）隐蔽工程验收记录，施工记录。

3.9　给水排水及供暖工程

3.9.1　基本要求

（1）管道安装符合设计和规范要求。

（2）地漏水封深度符合设计和规范要求。

（3）PVC管道的阻火圈、伸缩节等附件安装符合设计和规范要求。

（4）管道穿越楼板、墙体时的处理符合设计和规范要求。

（5）室内、外消火栓安装符合设计和规范要求。

（6）水泵安装牢固，平整度、垂直度等符合设计和规范要求。

（7）仪表安装符合设计和规范要求。阀门安装应方便操作。

（8）生活水箱安装符合设计和规范要求。

（9）气压给水或稳压系统应设置安全阀。

3.9.2　吊架和支架

（1）需按综合管线图中的布线图在顶棚弹线，如图3.9-1所示。

（2）根据安装管线大小、介质、空间位置选用不同类型的支架或吊架，如图3.9-2、图3.9-3所示。

图 3.9-1　综合管线布控

图 3.9-2　横梁支架

图 3.9-3　吊架

（3）支架、吊杆间距均匀并满足规范要求，各专业吊杆必须横平竖直。

（4）同类支架、吊杆在同一轴线上，偏差小于 5mm，如图 3.9-4 所示。

图 3.9-4　支架

（5）同类支架、吊杆标高偏差小于 5mm。

（6）同方向，同类管线轴线偏差小于 5mm。

3.9.3　穿墙管道

（1）有防火要求的穿墙管道间隙采用防火泥封堵，如图 3.9-5 所示。

（2）防火泥宽度统一为 15～20mm。

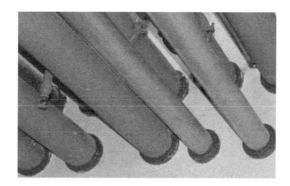

图 3.9-5　管道穿墙封堵

3.9.4　泵房

（1）布局应参照施工图纸，结合机房现状，合理布置机泵位置，如图 3.9-6 所示。

图 3.9-6　生活泵房合理布置

（2）阀门、法兰等管件标高一致、朝向一致，做到合理均匀排布。

（3）管路布置横平竖直，设备台座标高一致，如图 3.9-7 所示。

图 3.9-7　消防泵房设备台座标高一致

3.9.5 安装标识

（1）油漆饱满、光亮均匀、色泽一致，如图3.9-8所示。
（2）标识醒目统一，如图3.9-9所示。

图3.9-8　管道油漆饱满　　　　　　　　图3.9-9　竖向管道标识清晰

3.10　通风与空调工程

3.10.1　基本要求

（1）风管加工的强度和严密性符合设计和规范要求。
（2）防火风管和排烟风管使用的材料应为不燃材料。
（3）风机盘管和管道的绝热材料进场时，应取样复试合格。
（4）风管系统的支架、吊架、抗震支架的安装符合设计和规范要求。
（5）风管穿过墙体或楼板时，应按要求设置套管并封堵密实。
（6）水泵、冷却塔的技术参数和产品性能符合设计和规范要求。
（7）空调水管道系统应进行强度和严密性试验。
（8）空调制冷系统、空调水系统与空调风系统的联合试运转及调试符合设计和规范要求。
（9）防排烟系统联合试运行与调试后的结果符合设计和规范要求。

3.10.2　吊架和支架

（1）支架、吊杆间距均匀并满足规范要求，各专业吊杆必须横平竖直。
（2）同类支架、吊杆在同一轴线上，偏差小于5mm。
（3）同类支架、吊杆标高偏差小于5mm。
（4）同方向，同类管线轴线偏差小于5mm。

3.10.3　风管管道

（1）有防火要求的穿墙风管间隙应采用防火泥封堵，如图 3.10-1 所示。

（2）防火泥宽度统一为 15～20mm。

图 3.10-1　风管穿墙封堵

3.10.4　成品保护

（1）对空调室内机、室外机及管井内 PVC 管等包裹一层塑料薄膜，防止灰尘、杂物进入污染。

（2）风管、风口等安装完成后，及时用塑料薄膜包裹保护，防止杂物、灰尘进入，如图 3.10-2、图 3.10-3 所示。

图 3.10-2　风管保护

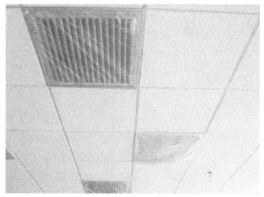

图 3.10-3　风口保护

3.11　建筑电气工程

3.11.1　基本要求

（1）除临时接地装置外，接地装置应采用热镀锌钢材。

（2）接地（PE）或接零（PEN）支线应单独与接地（PE）或接零（PEN）干线相连接。

（3）接闪器与防雷引下线、防雷引下线与接地装置应可靠连接。

（4）电动机等外露可导电部分应与保护导体可靠连接。

（5）母线槽与分支母线槽应与保护导体可靠连接。

（6）金属梯架、托盘或槽盒本体之间的连接符合设计要求。

（7）交流单芯电缆或分相后的每相电缆不得单根独穿于钢导管内，固定用的夹具和支架不应形成闭合磁路。

（8）灯具的安装符合设计要求。

3.11.2　吊架和支架

（1）电缆桥架的支架、吊杆间距均匀并满足规范要求，各专业吊杆必须横平竖直。

（2）同类支架、吊杆在同一轴线上，偏差小于 5mm。

（3）同类支架、吊杆标高偏差小于 5mm。

（4）同方向，同类管线轴线偏差小于 5mm。

3.11.3　电箱、开关和插座

（1）配电箱安装底边距地高度符合设计要求，盘面平整，配线整齐，接线正确，箱体接地良好，如图 3.11-1 所示。

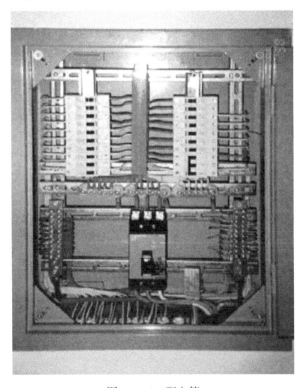

图 3.11-1　配电箱

（2）开关、插座距地高度符合设计要求，表面清洁无污染，内部接线正确。

（3）开关、插座安装标高正确，接地良好，盒口突出毛墙面 15～20mm，如图 3.11-2 所示。

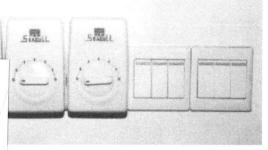

图 3.11-2　开关

在安装前完成。

做到横平竖直，安装高度符合设计和规范要求，如图 3.11-3

，接地良好，盘面平整，高度一致，如图 3.11-4 所示。

图 3.11-4　配电柜

3.12　智能建筑工程

基本要求：

（1）紧急广播系统应按规定检查防火保护措施。

85

（2）火灾自动报警系统的主要设备应是通过国家认证（认可）的产品。

（3）火灾探测器不得被其他物体遮挡或掩盖。

（4）消防系统的线槽、导管的防火涂料应涂刷均匀。

（5）当与电气工程共用线槽时，应与电气工程的导线、电缆有隔离措施。

3.13 市政工程

3.13.1 基本要求

（1）道路路基填料强度满足规范要求。

（2）道路各结构层压实度满足设计和规范要求。

（3）道路基层结构强度满足设计要求。

（4）道路不同种类面层结构满足设计和规范要求。

（5）预应力钢筋安装时，其品种、规格、级别和数量符合设计要求。

（6）垃圾填埋场站防渗材料类型、厚度、外观、铺设及焊接质量符合设计和规范要求。

（7）垃圾填埋场站导气石笼位置、尺寸符合设计和规范要求。

（8）垃圾填埋场站导排层厚度、导排渠位置、导排管规格符合设计和规范要求。

（9）按规定进行水池满水试验，并形成试验记录。

3.13.2 排水、管线工程施工工艺样板

（1）刚性接口管道安装（图 3.13-1、图 3.13-2）。

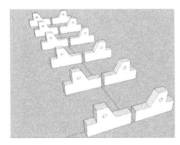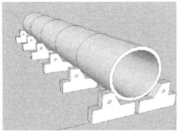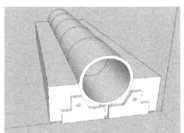

图 3.13-1 刚性接口管道安装工艺过程图

图 3.13-2 刚性接口管道安装工艺过程效果

（2）定位架排管安装（图 3.13-3～图 3.13-6）。

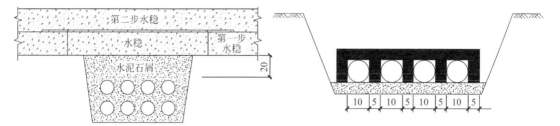

图 3.13-3　定位架排管示意图

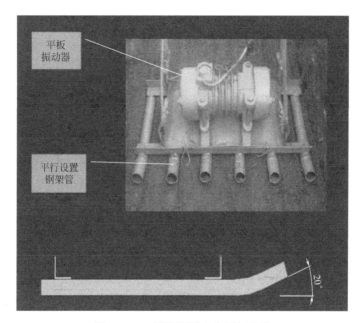

图 3.13-4　管沟回填土专用打夯机

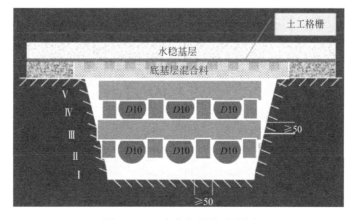

图 3.13-5　定位架排管示意图

图 3.13-6　定位架排管安装效果

3.13.3　箱涵工程施工工艺样板

箱涵整体浇筑（图 3.13-7～图 3.13-25）。

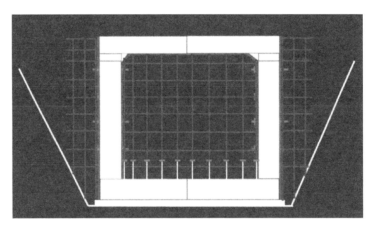

图 3.13-7　箱涵模板支撑示意图

图 3.13-8　箱涵沟槽土方开挖图　　　　图 3.13-9　箱涵沟槽基底钎探试验

图 3.13-10　垫层

图 3.13-11　箱底纵筋排布

图 3.13-12　箱涵钢筋绑扎

图 3.13-13　钢筋保护层垫块

图 3.13-14　立杆底部 PVC 套管

图 3.13-15　箱涵模板支撑系统

图 3.13-16　侧墙模板对拉螺杆

图 3.13-17　侧墙模板安装加固

图 3.13-18　顶板钢筋完成

图 3.13-19　混凝土浇筑

图 3.13-20　混凝土效果

图 3.13-21　箱涵端头止水带

图 3.13-22 明涵内混凝土效果

图 3.13-23 暗涵内混凝土效果

图 3.13-24 箱顶防水层施工

图 3.13-25 砖砌检查井施工

3.13.4 检查井施工工艺样板

（1）检查井砌筑（图 3.13-26～图 3.13-28）。

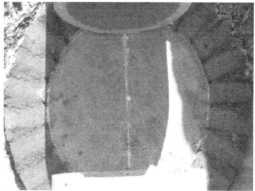

图 3.13-26 检查井中心及管道轴线对齐

图 3.13-27　检查井砌筑

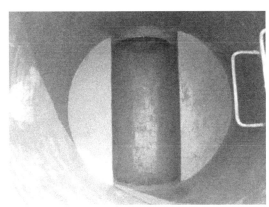

图 3.13-28　检查井防水砂浆抹灰

（2）检查井分体预制拼装（图 3.13-29～图 3.13-32）。

图 3.13-29　检查井底座吊装

图 3.13-30　井身及盖板吊装

图 3.13-31　接缝及接口密封处理

图 3.13-32　分体预制检查井效果

3.13.5 雨水斗施工工艺样板

（1）雨水斗砌筑（图 3.13-33～图 3.13-36）。

图 3.13-33　路面切缝及雨水斗掏底

图 3.13-34　雨水斗砌筑完成

图 3.13-35　雨水斗内壁防水砂浆抹灰

图 3.13-36　雨水斗铸铁箅子安装

（2）雨水斗预制模块拼装（图 3.13-37～图 3.13-39）。

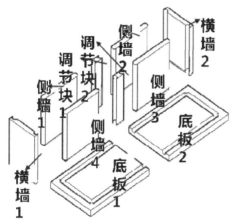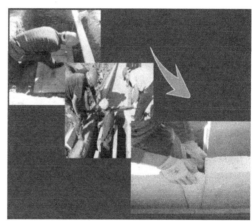

图 3.13-37　拼装示意图　　　　　图 3.13-38　拼装工艺过程

图 3.13-39　拼装完成、回填收面及铁箅子安装

3.13.6　回填施工工艺样板

标尺层控制回填（图 13.13-40～图 13.13-42）。

图 3.13-40 台阶标尺控制回填厚度

图 3.13-41 井身标尺控制回填厚度

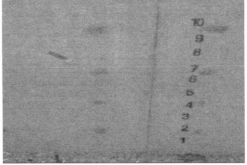

图 3.13-42 台背标尺控制回填厚度

3.13.7 道路基层施工工艺样板

（1）道路基层侧模（图 3.13-43～图 3.13-45）。

图 3.13-43　现浇混凝土侧模的模板安装

图 3.13-44　现浇混凝土侧模效果

图 3.13-45　石材侧模（路缘石）安装

（2）基层摊铺（图 3.13-46～图 3.13-60）。

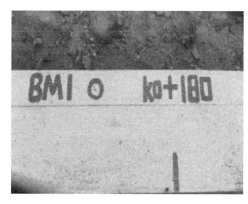

图 3.13-46　应用混凝土侧模标注基层控制线

图 3.13-47　基层样板段施工

图 3.13-48　基层配合比控制

图 3.13-49　基层料厂生产场地

图 3.13-50　基层下承层验收

图 3.13-51　水泥稳定砂砾基层双机联铺

图 3.13-52　水泥稳定砂砾基层高程控制

图 3.13-53　水泥稳定砂砾基层初压、复压

图 3.13-54　水泥稳定砂砾基层终压成活

图 3.13-55　基层面检查井位标识、置换

图 3.13-56　水泥稳定砂砾基层施工缝处理

图 3.13-57　水泥稳定砂砾基层养护措施

图 3.13-58　基层密实度、无侧限抗压强度试验检测

图 3.13-59　基层裂缝预防

图 3.13-60　基层侧模控制效果

3.13.8　检查井盖安装施工工艺样板

（1）检查井盖刚性安装（图 3.13-61～图 3.13-65）。

图 3.13-61　检查井盖周边路面割缝开挖

图 3.13-62　检查井盖安装

图 3.13-63　检查井盖周边混凝土浇筑

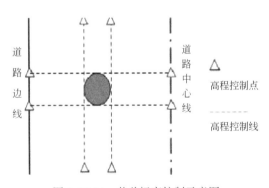

图 3.13-64　井盖标高控制示意图　　　图 3.13-65　井盖安装成活

（2）检查井盖柔性安装（图 3.13-66～图 3.13-72）。

推荐检查井盖采用柔性安装，推荐理由：

1）消除推力，分散压力，受力合理；

2）优化工艺，减小面积，节能降耗；

3）拆除容易，修复便捷，便于更换；

4）防止沉降、防止噪声基本得到解决。

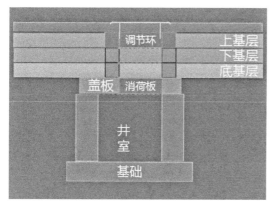

图 3.13-66 检查井盖柔性安装示意图

图 3.13-67 柔性安装检查井盖

图 3.13-68 检查井调节环

图 3.13-69 检查井盖限位器

(a)

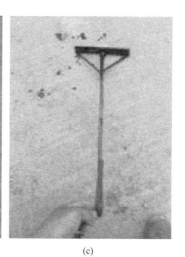

(b)   (c)

图 3.13-70 检查井盖安装专用工具
（a）垫板及垫块；（b）撬棍；（c）推料耙

103

图 3.13-71　检查井盖调平

图 3.13-72　检查井盖周边碾压平顺

3.13.9　水泥混凝土路面施工工艺样板

水泥混凝土路面细部处理措施（图 3.13-73～图 3.13-78）

图 3.13-73　井盖（算）安装固定

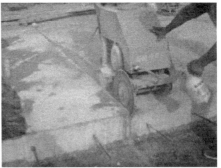

图 3.13-74　水泥混凝土路面伸缩缝及时切割

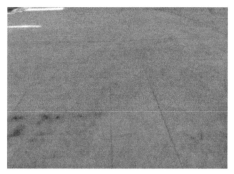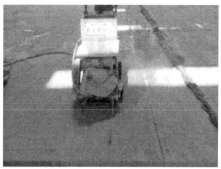

图 3.13-75　水泥混凝土路面抗滑刻痕顺直

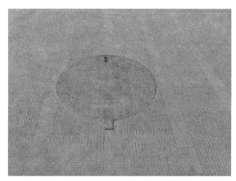

图 3.13-76　水泥混凝土路面细部刻痕美观

图 3.13-77　水泥混凝土路面切缝清理、灌缝

图 3.13-78　水泥混凝土路面与沥青混凝土刚柔顺接

3.13.10 路缘石安装施工工艺样板

见图 3.13-79～图 3.13-84。

图 3.13-79 路缘石顶侧双线安装

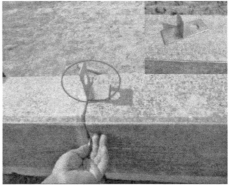

图 3.13-80 路缘石挂线专用工具

图 3.13-81 路缘石底座稳定

3.13.11 人行道面层铺装施工工艺样板

（1）人行道砖铺装（图 3.13-85～图 3.13-93）。

图 3.13-82　路缘石线型顺畅

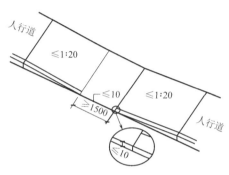

图 3.13-83　缘石坡道

图 3.13-84　路缘石成品保护

图 3.13-85　人行道砖产品定制

图 3.13-86　人行道基层验收

图 3.13-87　人行道砖铺筑与石材的模数控制

图 3.13-88　铺设标准砖

图 3.13-89　人行道路施工过程质量控制

图 3.13-90　人行道砖铺设纵横双线纵铺

图 3.13-91　人行道砖细砂灌缝

图 3.13-92　井盖周边人行道砖裁切处理

图 3.13-93　无障碍道路铺装效果

（2）火烧板石材铺装（图 3.13-94～图 3.13-99）。

图 3.13-94　水泥混凝土基层施工

图 3.13-95　火烧面石材板铺装

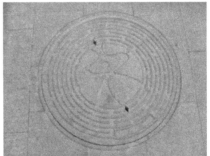

图 3.13-96　井盖周边石材裁切处理

图 3.13-97　专用器具切缝

图 3.13-98 灌缝

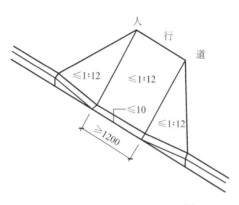

图 3.13-99 缘石坡道

3.13.12 钻孔桩施工工艺样板

见图 3.13-100～图 3.13-105。

3.13.13 承台、扩基施工工艺样板

见图 3.13-106～图 3.13-108。

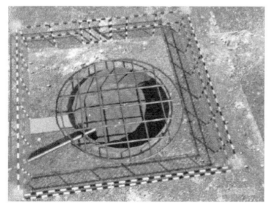

图 3.13-100 井口及四周安全防护　　　　图 3.13-101 岩土样品存放

图 3.13-102　泥浆制备池

图 3.13-103　井桩钢筋笼制作

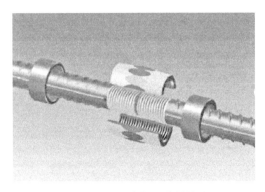

图 3.13-104　直螺纹套筒接头

图 3.13-105　桩头钢筋保护

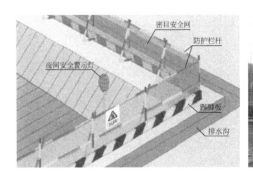

图 3.13-106　基坑安全防护

图 3.13-107　承台、扩基施工过程质量控制

图 3.13-108　成型效果

3.13.14　墩台（柱）施工工艺样板

见图 3.13-109～图 3.13-111。

图 3.13-109　墩台弹线、施工缝处混凝土凿毛

图 3.13-110　安全通道

113

图 3.13-111 桥墩成品养护

3.13.15 桥梁上部结构施工工艺样板

见图 3.13-112～图 3.13-120。

图 3.13-112 墩台顶施工缝处混凝土凿毛　　　　图 3.13-113 盖梁、横梁的钢筋骨架吊装

图 3.13-114 支撑架体搭设　　　　　　　　图 3.13-115 翼缘板的"锯齿板"

图 3.13-116 预留孔的"锯齿板"

图 3.13-117 张拉槽的"锯齿板"

图 3.13-118 安全通道

图 3.13-119 临边防护

图 3.13-120 临时防护现场展示

3.13.16 防撞墙施工工艺样板

见图 3.13-121～图 3.13-127。

图 3.13-121　防撞墙钢筋绑扎

图 3.13-122　防撞墙模板定位筋连接固定

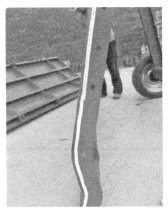

图 3.13-123　防撞墙定型钢模安装固定

图 3.13-124   防撞护栏顶面收光压实

图 3.13-125   防撞墙覆盖养护

第三层浇筑位置

第一层浇筑位置

第二层浇筑位置

图 3.13-126   防撞墙混凝土浇筑的分层部位

U形卡子

图 3.13-127   防撞墙混凝土养护毯固定

3.13.17   桥面铺装施工工艺样板

见图 3.13-128～图 3.13-143。

图 3.13-128　凿除防撞墙根部松散混凝土

图 3.13-129　防撞墙侧面弹出桥面混凝土高度控制线

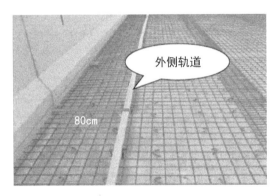

图 3.13-130　桥面混凝土振捣梁外侧轨道铺设

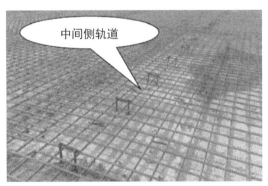

图 3.13-131　桥面混凝土振捣梁中间侧轨道设置

图 3.13-132　桥面预留洞口 PVC 预埋管

图 3.13-133　桥面混凝土端头槽钢模板安装

图 3.13-134 桥面混凝土人工振捣布料

图 3.13-135 桥面混凝土摊铺高度控制

图 3.13-136 桥面混凝土摊铺长度控制

图 3.13-137 防撞墙根部用竹胶板保护

图 3.13-138 防撞墙根部人工收面

图 3.13-139 桥面混凝土收光

图 3.13-140 桥面混凝土面层收光成型效果

图 3.13-141 桥面混凝土面横向拉毛处理

图 3.13-142　桥面混凝土面清理浮渣　　　　　图 3.13-143　桥面混凝土面洒水养护

3.13.18　分体式直螺纹套筒应用

见图 3.13-144～图 3.13-146。

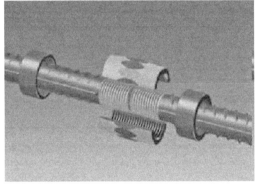

图 3.13-144　接头刻丝尺寸检查

图 3.13-145　丝头磨平上套

图 3.13-146　通止规及扭力检查

3.13.19　机械化、智能化应用

见图 3.13-147～图 3.13-152。

图 3.13-147　钢筋数控剪切生产线　　　　图 3.13-148　钢筋数控加工中心

图 3.13-149　自动凿毛机　　　　　　图 3.13-150　智能压浆设备

图 3.13-151　钢筋笼自动焊接生产线

图 3.13-152　自动张拉设备

4 建筑工程质量验收管理

>>>

4.1 建筑工程质量验收的要求

4.1.1 建筑工程质量验收的划分

建筑工程质量验收应划分为单位（子单位）工程、分部（子分部）工程、分项工程和检验批，是工程建设质量控制的一个重要环节，它包括工程施工质量的中间验收和工程的竣工验收两个方面。通过对工程建设中间产出品和最终产品的质量验收，从过程控制和最终把关两个方面进行工程项目的质量控制，以确保达到建设单位所要求的功能和使用价值，实现建设投资的经济效益和社会效益。工程项目的竣工验收，是项目建设程序的最后一个环节，是全面考核项目建设成果，检查设计与施工质量，确认项目能否投入使用的重要步骤。竣工验收的顺利完成，标志着项目建设阶段的结束和生产使用阶段的开始。尽快完成竣工验收工作，对促进项目的早日投入使用，发挥投资效益，有着非常重要的意义。建筑工程质量验收必须符合现行国家标准《建筑工程施工质量验收统一标准》GB 50300和相关专业验收规范的规定。

4.1.2 建筑工程施工检验批质量验收合格的规定

（1）主控项目和一般项目的质量经抽样检验合格。

（2）具有完整的施工操作依据、质量检查记录。

检验批是工程验收的最小单位，是分项工程乃至整个建筑工程质量验收的基础。检验批是施工过程中条件相同并有一定数量的材料、构配件或安装项目，由于其质量基本均匀一致，因此可以作为检验的基础单位，并按批验收。检验批的合格质量主要取决于对主控项目和一般项目的检验结果。主控项目是对检验批的基本质量起决定性影响的检验项目，因此必须全部符合有关专业工程验收规范的规定。这意味着主控项目不允许有不符合要求的检验结果，即这种项目的检查具有否决权。

4.1.3 分项工程质量验收合格的规定

（1）分项工程所含的检验批均应符合合格质量的规定。

（2）分项工程所含的检验批的质量验收记录应完整。

分项工程的验收是在检验批的基础上进行。一般情况下，两者具有相同或相近的性质，只是批量的大小不同而已。因此，将有关的检验批汇集构成分项工程。分项工程合格质量的条件比较简单，只要构成分项工程的各检验批的验收资料文件完整，并且均已验收合格，则分项工程验收合格。分项工程所含的检验批均应符合合格质量的规定并且记录应完整。

4.1.4 分部（子分部）工程质量验收合格规定

（1）分部（子分部）工程所含工程的质量均应验收合格。

（2）质量控制资料应完整。

（3）地基与基础、主体结构和设备安装等分部工程有关安全及功能的检验和抽样检测结果应符合有关规定。

（4）观感质量验收应符合要求。

4.1.5 单位（子单位）工程质量验收合格的规定

（1）单位（子单位）工程所含分部（子分部）工程的质量均应验收合格。

（2）质量控制资料应完整。

（3）单位（子单位）工程所含分部工程有关安全和功能的检测资料应完整。

（4）主要功能项目的抽查结果应符合相关专业质量验收规范的规定。

（5）观感质量验收应符合要求。

分部工程的各分项工程必须已验收合格且相应的质量控制资料文件必须完整，这是验收的基本条件。此外，由于各分项工程的性质不尽相同，因此作为分部工程不能简单地组合而加以验收，尚需增加以下两类检查项目。

涉及安全和使用功能的地基基础、主体结构、有关安全及重要使用功能的安装分部工程应进行有关见证取样送样试验或抽样检测。关于观感质量验收，这类检查往往难以定量，只能以观察、触摸或简单量测的方式进行，并由各个人的主观印象判断，检查结果并不给出"合格"或"不合格"的结论，而是综合给出质量评价。对于"差"的检查点应通过返修处理等补救。

4.1.6 当建筑工程质量不符合要求时，应按下列规定进行处理

（1）经返工重做或更换器具、设备的检验批，应重新进行验收。

（2）经有资质的检测单位检测鉴定能够达到设计要求的检验批，应予以验收。

（3）经有资质的检测单位检测鉴定达不到设计要求、但经原设计单位核算认可能够满足结构安全和使用功能的检验批，可予以验收。

（4）经返修或加固处理的分项、分部工程，虽然改变外形尺寸但仍能满足安全使用要求，可按技术处理方案和协商文件进行验收。

（5）通过返修或加固处理仍不能满足安全使用要求的分部工程、单位（子单位）工程，严禁验收。

4.2 地基与基础工程质量验收的要求

4.2.1 地基与基础工程质量验收的内容

地基与基础工程主要包括：土方、基坑支护、地基处理、桩基础、混凝土基础、砌体基

础、钢结构基础、钢管混凝土结构基础、型钢混凝土结构基础、地下防水,详见表 4.2-1。

地基与基础工程一览表 表 4.2-1

序号	子分部工程	分项工程
1	土方	土方开挖,土方回填,场地平整
2	基坑支护	灌注桩排桩围护墙,重力式挡土墙,板桩围护墙,型钢水泥土搅拌墙,土钉墙与复合土钉墙,地下连续墙,咬合桩围护墙,沉井与沉箱,钢或混凝土支撑,锚杆(索),与主体结构相结合的基坑支护,降水与排水
3	地基处理	素土、灰土地基,砂和砂石地基,土工合成材料地基,粉煤灰地基,强夯地基,注浆加固地基,预压地基,振冲地基,高压喷射注浆地基,水泥土搅拌桩地基,土和灰土挤密桩地基,水泥粉煤灰碎石桩地基,夯实水泥土桩地基,砂桩地基
4	桩基础	先张法预应力管桩,钢筋混凝土预制桩,钢桩,泥浆护壁混凝土灌注桩,长螺旋钻孔压灌桩,沉管灌注桩,干作业成孔灌注桩,锚杆静压桩
5	混凝土基础	模板,钢筋,混凝土,预应力,现浇结构,装配式结构
6	砌体基础	砖砌体,混凝土小型空心砌块砌体,石砌体,配筋砌体
7	钢结构基础	钢结构焊接,紧固件连接,钢结构制作,钢结构安装,防腐涂料涂装
8	钢管混凝土结构基础	构件进场验收,构件现场拼装,柱脚锚固,构件安装,柱与混凝土梁连接,钢管内钢筋骨架,钢管内混凝土浇筑
9	型钢混凝土结构基础	型钢焊接,紧固件连接,型钢与钢筋连接,型钢构件组装及预拼装,型钢安装,模板,混凝土
10	地下防水	主体结构防水,细部构造防水,特殊施工法结构防水,排水,注浆

4.2.2 地基与基础工程验收所需条件

1. 工程实体

地基与基础工程内容如表 4.2-1 所示。

(1)地基与基础分部验收前,基础墙面上的施工孔洞须按规定镶堵密实,并做隐蔽工程验收记录。未经验收不得进行回填土分项工程的施工,对确需分阶段进行地基与基础分部工程质量验收时,建设单位项目负责人在质量监督交底会上向质量监督人员提交书面申请,并及时向质量监督站备案。

(2)混凝土结构工程模板应拆除并对其表面清理干净,混凝土结构存在缺陷处应整改完成。

(3)楼层标高控制线应清楚弹出,竖向结构主控轴线应弹出墨线,并做醒目标志。

(4)工程技术资料存在的问题均已悉数整改完成。

(5)施工合同和设计文件规定的地基与基础分部工程施工的内容已完成,检验、检测报告(包括环境检测报告)应符合现行验收规范和标准的要求。

(6)安装工程中各类管道预埋结束,相应测试工作已完成,其结果符合规定要求。

(7)地基与基础分部工程施工中,质量监督站发出整改(停工)通知书要求整改的质量问题都已整改完成,完成报告书已送质量监督站归档。

2. 工程资料

(1)施工单位在地基与基础工程完工之后对工程进行自检,确认工程质量符合有关法律、法规和工程建设强制性标准提供地基与基础工程施工质量自评报告，该报告应由项目经理和施工单位负责人审核、签字、盖章。

（2）监理单位在地基与基础工程完工后对工程全过程监理情况进行质量评价，提供地基与基础工程质量评估报告，该报告应当由总监和监理单位有关负责人审核、签字、盖章。

（3）勘察、设计单位对勘察、设计文件及设计变更进行检查对工程地基与基础实体是否与设计图纸及变更一致，进行认可。

（4）有完整的地基与基础工程档案资料，见证试验档案，监理资料；施工质量保证资料；管理资料和评定资料。

4.2.3　地基与基础工程验收主要依据

（1）《建筑地基基础工程施工质量验收标准》GB 50202 等现行质量检验评定标准、施工验收规范。

（2）国家及地方关于建设工程的强制性标准。

（3）经审查通过的施工图纸、设计变更、工程洽商以及设备技术说明书。

（4）引进技术或成套设备的建设项目，还应出具签订的合同和国外提供的设计文件等资料。

（5）其他有关建设工程的法律、法规、规章和规范性文件。

4.2.4　地基与基础工程验收组织及验收人员

（1）由总监理工程师或建设单位项目负责人组织实施建设工程地基与基础工程验收工作，县级以上建设工程质量监督站对建设工程地基与基础工程验收实施监督，该工程的施工、监理、设计、勘察等单位参加。

（2）验收人员：由总监理工程师负责组织地基与基础工程验收小组。验收组组长由总监理工程师或建设单位项目负责人担任。验收组副组长应至少由一名工程技术人员担任。验收组成员由建设单位负责人、项目现场管理人员及勘察、设计、施工、监理单位项目技术负责人或质量负责人组成。

4.2.5　地基与基础工程验收的程序

建设工程地基与基础工程验收按施工企业自评、设计认可、监理核定、业主验收、政府监督的程序进行。

（1）地基与基础分部（子分部）施工完成后，施工单位应组织相关人员检查，在自检合格的基础上报监理机构项目总监理工程师（建设单位项目负责人）。

（2）地基与基础分部工程验收前，施工单位应将分部工程的质量控制资料整理成册报送项目监理机构审查，监理核查符合要求后由总监理工程师签署审查意见，并于验收前三个工作日通知质量监督站。

（3）总监理工程师（建设单位项目负责人）收到上报的验收报告应及时组织参建方对地基与基础分部工程进行验收，验收合格后应填写地基与基础分部工程质量验收记录，并签注验收结论和意见。相关责任人签字加盖单位公章，并附分部工程观感质量检查记录。

（4）总监理工程师（建设单位项目负责人）组织对地基与基础分部工程验收时，必须有以下人员参加：总监理工程师、建设单位项目负责人、设计单位项目负责人、勘察单位项目负责人、施工单位技术质量负责人及项目经理等。

4.2.6　地基与基础工程验收的内容

应对所有子分部工程实体及工程资料进行检查。工程实体检查主要针对是否按照设计图纸、工程洽商进行施工，有无重大质量缺陷等；工程资料检查主要针对子分部工程验收记录、原材料各项报告、隐蔽工程验收记录等。

4.2.7　地基与基础工程验收的结论

（1）由地基与基础工程验收小组组长主持验收会议。

（2）建设、施工、监理、设计、勘察单位分别书面汇报工程合同履约状况和在工程建设各环节执行国家法律、法规和工程建设强制性标准情况。

（3）验收组听取各参验单位意见，形成经验收小组人员分别签字的验收意见。

（4）参建责任方签署的地基与基础工程质量验收记录，应在签字盖章后 3 个工作日内由项目监理人员报送质量监督站存档。

（5）当在验收过程中，参与地基与基础工程验收的建设、施工、监理、设计、勘察单位各方不能形成一致意见时，应当协商提出解决的方法，待意见一致后，重新组织工程验收。

（6）地基与基础工程未经验收或验收不合格，责任方擅自进行上部施工的，应签发局部停工通知书责令整改，并按有关规定处理。

4.3　主体结构工程质量验收的内容

4.3.1　主体结构工程包括的内容

主体结构主要包括：混凝土结构、砌体结构、钢结构、钢管混凝土结构、型钢混凝土结构、铝合金结构、木结构，详见表 4.3-1。

主体结构工程一览表　　　　　　　　　　　　　　　　　表 4.3-1

序号	子分部工程	分项工程
1	混凝土结构	模板、钢筋、混凝土、预应力、现浇结构、装配式结构
2	砌体结构	砖砌体、混凝土小型空心砌块砌体、石砌体、配筋砌体、填充墙砌体
3	钢结构	钢结构焊接、紧固件连接、钢零部件加工、钢构件组装及预拼装、单层钢结构安装、多层及高层钢结构安装、钢管结构安装、预应力钢索和膜结构、压型金属板、防腐涂料涂装、防火涂料涂装
4	钢管混凝土结构	构件现场拼装、构件安装、柱与混凝土梁连接、钢管内钢筋骨架、钢管内混凝土浇筑
5	型钢混凝土结构	型钢焊接、紧固件连接、型钢与钢筋连接、型钢构件组装及预拼装、型钢安装、模板、混凝土
6	铝合金结构	铝合金焊接、紧固件连接、铝合金零部件加工、铝合金构件组装、铝合金构件预拼装、铝合金框架结构安装、铝合金空间网格结构安装、铝合金面板、铝合金幕墙结构安装、防腐处理
7	木结构	方木和原木结构、胶合木结构、轻型木结构、木结构防护

4.3.2 主体结构验收所需条件

1. 工程实体

（1）主体分部验收前，墙面上的施工孔洞须按规定镶堵密实，并做隐蔽工程验收记录。未经验收不得进行装饰装修工程的施工，对确需分阶段进行主体分部工程质量验收时，建设单位项目负责人在质量监督交底上向质量监督人员提出书面申请，并经质量监督站同意。

（2）混凝土结构工程模板应拆除并对其表面清理干净，混凝土结构存在缺陷处应整改完成。

（3）楼层标高控制线应清楚弹出墨线，并做醒目标志。

（4）工程技术资料存在的问题均已悉数整改完成。

（5）施工合同、设计文件规定和工程洽商所包括的主体分部工程施工的内容已完成。

（6）安装工程中各类管道预埋结束，位置尺寸准确，相应测试工作已完成，其结果符合规定要求。

（7）主体分部工程验收前，可完成样板间或样板单元的室内粉刷。

（8）主体分部工程施工中，质量监督站发出整改（停工）通知书要求整改的质量问题都已整改完成，完成报告书已送质量监督站归档。

2. 工程资料

（1）施工单位在主体结构完工之后对工程进行自检，确认工程质量符合有关法律、法规和工程建设强制性标准，提供主体结构施工质量自评报告，该报告应由项目经理和施工单位负责人审核、签字、盖章。

（2）监理单位在主体结构工程完工后对工程全过程监理情况进行质量评价，提供主体结构质量评估报告，该报告应当由总监和监理单位有关负责人审核、签字、盖章。

（3）勘察、设计单位对勘察、设计文件及设计变更进行检查对工程主体实体是否与设计图纸及变更一致，进行认可。

（4）有完整的主体结构工程档案资料，见证试验档案，监理资料；施工质量保证资料；管理资料和评定资料。

（5）主体结构验收通知书。

（6）工程规划许可证复印件（需加盖建设单位公章）。

（7）中标通知书复印件（需加盖建设单位公章）。

（8）工程施工许可证复印件（需加盖建设单位公章）。

（9）混凝土结构子分部工程结构实体混凝土强度验收记录。

（10）混凝土结构子分部工程结构实体钢筋保护层厚度验收记录。

4.3.3 主体结构验收主要依据

（1）《建筑工程施工质量验收统一标准》GB 50300 等现行质量检验评定标准、施工验收规范；

（2）国家及地方关于建设工程的强制性标准。

（3）经审查通过的施工图纸、设计变更、工程洽商以及设备技术说明书。

（4）引进技术或成套设备的建设项目，还应出具签订的合同和国外提供的设计文件等资料。

（5）其他有关建设工程的法律、法规、规章和规范性文件。

4.3.4　主体结构验收组织及验收人员

（1）由总监理工程师或建设单位项目负责人负责组织实施建设工程主体验收工作，建设工程质量监督部门对建设工程主体验收实施监督，该工程的施工、监理、设计等单位参加。

（2）验收人员：由总监理工程师负责组织主体验收小组。验收组组长由总监理工程师或建设单位项目负责人担任。验收组副组长应至少有一名工程技术人员担任。验收组成员由建设单位负责人、项目现场管理人员及设计、施工、监理单位项目技术负责人或质量负责人组成。

4.3.5　主体结构验收的程序

建设工程主体验收按施工企业自评、设计认可、监理核定、业主验收、政府监督的程序进行：

（1）施工单位主体结构工程完工后，向建设单位提交建设工程质量施工单位（主体）报告，申请主体结构验收。

（2）监理单位核查施工单位提交的建设工程质量施工单位（主体）报告，对工程质量情况作出评价，填写建设工程主体验收监理评估报告。

（3）建设单位审查施工单位提交的建设工程质量施工单位（主体）报告，对符合验收要求的工程，组织设计、施工、监理等单位的相关人员组成验收组。

（4）建设单位在主体结构验收 3 个工作日前将验收的时间、地点及验收组名单报至区建设工程质量监督站。

（5）建设单位组织验收组成员在建设工程质量监督站监督下在规定的时间内对建设工程主体结构进行工程实体和工程资料的全面验收。

4.3.6　主体结构验收的结论

（1）由主体结构验收小组组长主持验收会议。

（2）建设、施工、监理、设计单位分别书面汇报工程合同履约状况和在工程建设各环节执行国家法律、法规和工程建设强制性标准情况。

（3）验收组听取各参验单位意见，形成经验收小组人员分别签字的验收意见。

（4）参建责任方签署的主体分部工程质量及验收记录，应在签字盖章后 3 个工作日内由项目监理人员报送质量监督站存档。

（5）当在验收过程中，参与工程主体结构验收的建设、施工、监理、设计单位各方不能形成一致意见时，应当协商提出解决的方法，待意见一致后，重新组织工程验收。

4.4　防水工程质量验收的内容

4.4.1　地下防水工程的质量验收内容

（1）地下防水工程施工质量应按工序或分项进行验收，构成分项工程的各检验批应符合《地下防水工程质量验收规范》GB 50208—2011 中有关规定。

（2）地下防水工程验收的文件和记录：

1）防水设计：设计图及会审记录、设计变更通知单和材料代用核定单。

2）施工方案：施工方法、技术措施、质量保证措施。

3）技术交底：施工操作要求及注意事项。

4）材料质量证明文件：出厂合格证、产品质量检验报告、试验报告。

5）中间检查记录：分项工程质量验收记录、隐蔽工程检查验收记录、施工检验记录。

6）施工日志：逐日施工情况。

7）混凝土、砂浆：试配及施工配合比、混凝土抗压、抗渗试验报告。

8）施工单位资质证明：资质证书复印件。

9）工程检验记录：抽样质量检验及观察检查。

10）其他技术资料：事故处理报告、技术总结。

（3）地下防水隐蔽工程验收记录的主要内容：

1）卷材、涂料防水层的基层。

2）防水混凝土结构和防水层被掩盖的部位。

3）变形缝、施工缝等防水构造的做法。

4）管道设备穿过防水层的封固部位。

5）渗排水层、盲沟和坑槽。

6）衬砌前围岩渗漏水处理。

7）基坑的超挖和回填。

4.4.2 屋面防水工程的质量验收内容

（1）屋面工程施工时，应建立各道工序的自检、交接检和专职人员检查的"三检"制度，并有完整的检查记录。每道工序完成，应经监理单位（或建设单位）检查验收，合格后方可进行下道工序的施工。

（2）屋面防水工程验收的文件和记录：

1）设计图纸及会审记录、设计变更通知单和材料代用核定单。

2）施工方法、技术措施、质量保证措施。

3）施工操作要求及注意事项。

4）出厂合格证、质量检验报告和试验报告。

5）分项工程质量验收、隐蔽工程验收记录、施工检验记录、淋水或蓄水检验记录。

6）施工日志。

7）抽样质量检验及观察检查。

8）事故处理报告。

（3）屋面防水工程隐蔽验收记录的主要内容：

1）卷材、涂膜防水层的基层。

2）密封防水处理部位。

3）天沟、檐沟、泛水和变形缝等细部做法。

4）卷材、涂膜防水层的搭接宽度和附加层。

5）刚性保护层与卷材、涂膜防水层之间设置的隔离层。

4.4.3 室内防水工程的质量验收内容

（1）室内防水工程验收的文件和记录：

1）设计图纸及会审记录、设计变更通知单和材料代用核定单。

2）施工方法、技术措施、质量保证措施。

3）施工操作要求及注意事项。

4）出厂合格证、质量检验报告和试验报告。

5）分项工程质量验收、隐蔽工程验收记录、施工检验记录、蓄水检验记录。

6）施工日志。

7）抽样质量检验及观察检查。

8）事故处理报告。

（2）室内防水工程隐蔽验收记录的主要内容：

1）卷材、涂料、涂膜等防水层的基层。

2）密封防水处理部位。

3）管道、地漏等细部做法。

4）卷材、涂膜等防水层的搭接宽度和附加层。

5）刚柔防水各层次之间的搭接情况。

6）涂料涂层厚度、涂膜厚度、卷材厚度。

4.5 装饰装修工程质量验收的内容

建筑装饰装修工程质量验收内容包括过程验收和竣工验收两个方面。建筑工程专业建造师应通过审批验收计划，组织自行检查评定分部（子分部）工程、单位（子单位）工程，参加分部（子分部）工程验收、单位（子单位）工程竣工验收实现对建筑装饰装修工程质量验收内容的控制。

4.5.1 过程验收内容

（1）隐蔽工程验收：

建筑装饰装修工程施工过程中应按《建筑装饰装修工程质量验收标准》GB 50210—2018 要求的项目对隐蔽工程进行验收。

（2）检验批、分项工程、分部（子分部）工程验收内容：

1）分部分项工程划分：

建筑装饰装修工程是建筑工程的重要组成部分，按施工工艺和装修部位划分为 12 个子分部工程、44 个分项工程，其中子分部主要包括：建筑地面、抹灰、外墙防水、门窗、吊顶、轻质隔墙、饰面板、饰面砖、幕墙、涂饰、裱糊与软包、细部。

2）检验批验收：

① 检验批量：

建筑装饰装修工程的检验批可根据施工及质量控制和验收需要按楼层、施工段、变形缝等进行划分。一般按楼层划分检验批，对于工程量较少的分项工程可统一划分为一个检验批。

② 合格条件：

a. 质量控制资料：具有完整的施工操作依据、质量检查记录。

b. 主控项目：抽查样本均应符合《建筑装饰装修工程质量验收标准》GB 50210—2018 主控项目的规定。

c. 一般项目：抽查样本的 80% 以上应符合一般项目的规定。其余样本不存在影响使用功能或明显影响装饰效果的缺陷，其中有允许偏差的检验项目，其最大偏差不得超过规范规定允许偏差的 1.5 倍。

（3）分项工程、子分部、分部工程验收：

1）分项工程验收：

各检验批部位、区段的质量均应达到《建筑装饰装修工程质量验收标准》GB 50210—2018 的规定。

2）子分部工程验收：

子分部工程中各分项工程的质量均应验收合格，并应符合下列规定：

① 应具备《建筑装饰装修工程质量验收标准》GB 50210—2018 各子分部工程规定检验的文件记录。

② 应具备表 4.5-1 规定的有关安全和功能的检测项目的合格报告。

各子分部工程有关安全和功能检测项目一览表　　　　表 4.5-1

序号	子分部工程	检测项目
1	门窗	外窗气密性、水密性、耐风压
2	饰面板	饰面板后置埋件的现场拉拔强度
3	饰面砖	饰面砖样板件粘贴强度
4	幕墙	1. 硅酮结构胶的相容性试验。 2. 幕墙后置埋件的现场拉拔强度。 3. 抗风压性能、空气渗透性能、雨水渗透性能及平面变形性能

③ 观感质量应符合《建筑装饰装修工程质量验收标准》GB 50210—2018 各分项工程中一般项目的要求。

3）分部工程验收：

分部工程中各子分部工程的质量均应验收合格，并应按上述子分部工程验收第①～③条的规定进行核查。

4.5.2 竣工验收内容

（1）分部工程完工验收：

建筑装饰装修分部工程由总承包单位施工时，按分部工程验收；由分包单位施工时，装饰装修工程分包单位应按《建筑工程施工质量验收统一标准》GB 50300 规定的程序检查评定。装饰装修分包单位对承建的项目检验时，总承包单位应参加，检验合格后，分包单位应将工程的有关资料移交总包单位。

（2）单位（子单位）工程竣工验收：

当建筑工程只有装饰装修分部工程时，该工程应作为单位工程验收。

当建筑装饰装修工程按施工段由几个施工单位负责施工的单位工程，当其中的施工单位所负责的子单位工程已按设计完成，并经自行检验，也可按规定的程序组织正式验收，办理交工手续。在整个单位工程全部验收时，已验收的子单位工程验收资料应作为单位工程验收的附件。

4.6　工程施工质量验收程序与依据

4.6.1　施工质量验收规定

1. 验收程序

（1）检验批及分项工程应由监理工程师组织施工单位项目专业质量（技术）负责人等进行验收。

（2）分部工程应由总监理工程师组织施工单位项目负责人和项目技术、质量负责人等进行验收；地基与基础、主体结构分部工程的勘察、设计单位工程项目负责人也应参加相关分部工程验收。

（3）单位工程完工后，施工单位应自行组织有关人员进行检查评定，总监理工程师应组织专业监理工程师对工程质量进行竣工预验收，对存在的问题，应由施工单位及时整改。整改完毕后，由施工单位向建设单位提交工程竣工报告，申请工程竣工验收。

（4）单位工程中的分包工程完工后，分包单位应对所承包的工程项目进行自检，并应按规范规定的程序进行验收。验收时，总包单位应派人参加。分包单位应将所分包工程的质量控制资料整理完整后，交总包单位，并应由总包单位统一归入工程竣工档案。

（5）建设单位收到工程竣工报告后，应由建设单位（项目）负责人组织施工（含分包单位）、设计、勘察、监理等单位（项目）负责人进行单位工程验收。

2. 基本规定

（1）检验批的质量应按主控项目和一般项目验收。

（2）工程质量的验收均应在施工单位自检合格的基础上进行。

（3）隐蔽工程在隐蔽前应由施工单位通知监理工程师或建设单位专业技术负责人进行验收，并应形成验收文件，验收合格后方可继续施工。

（4）参加工程施工质量验收的各方人员应具备规定的资格。单位工程的验收人员应具备工程建设相关专业的中级以上技术职称并具有5年以上从事工程建设相关专业的工作经历，参加单位工程验收的签字人员应为各方项目负责人。

（5）涉及结构安全的试块、试件以及有关材料，应按规定进行见证取样检测。对涉及结构安全、使用功能、节能、环境保护等重要分部工程应进行抽样检测。

（6）承担见证取样检测及有关结构安全、使用功能等项目的检测单位应具备相应资质。

（7）工程的观感质量应由验收人员现场检查，并应共同确认。

4.6.2 质量验收合格的依据与质量验收不合格的处理规定

1. 质量验收合格的依据

（1）检验批：

1）主控项目的质量经抽样检验合格。

2）一般项目中的实测（允许偏差）项目抽样检验的合格率应达到80%，且超差点的最大偏差值应在允许偏差值的1.5倍范围内。

3）主要工程材料的进场验收和复验合格，试块、试件检验合格。

4）主要工程材料的质量保证资料以及相关试验检测资料齐全、正确；具有完整的施工操作依据和质量检查记录。

（2）分项工程：

1）分项工程所含的检验质量验收全部合格。

2）分项工程所含的检验的质量验收记录应完整、正确。

3）有关质量保证资料和试验检测资料应齐全、正确。

（3）分部（子分部）工程：

1）分部（子分部）工程所含分项工程的质量验收全部合格。

2）质量控制资料应完整。

3）分部（子分部）工程中，地基基础处理、桩基基础检测、梁板混凝土强度、混凝土抗渗抗冻、预应力混凝土、回填压实等的检验和抽样检测结果应符合规范规定。

4）外观质量验收应符合要求。

（4）单位（子单位）工程：

1）单位（子单位）工程所含分部（子分部）工程的质量验收全部合格。

2）质量控制资料应完整。

3）单位（子单位）工程所含分部（子分部）工程有关安全及使用功能的检测资料应齐全。

4）主体结构试验检测、抽查结果以及使用功能试验应符合相关规范规定。

5）外观质量验收应符合要求。

2. 质量验收不合格的处理规定

（1）经返工返修或经更换材料、构件、设备等的检验批，应重新进行验收。

（2）经有相应资质的检测单位检测鉴定能够达到设计要求的检验批，应予以验收。

（3）经有相应资质的检测单位检测鉴定达不到设计要求，但经原设计单位验算认可能够满足结构安全和使用功能要求的检验批，可予以验收。

（4）经返修或加固处理的分项工程、分部（子分部）工程，虽然改变外形尺寸但仍能满足结构安全和使用功能要求，可按技术处理方案文件和协商文件进行验收。

（5）通过返修或加固处理仍不能满足结构安全或使用功能要求的分部（子分部）工程、单位（子单位）工程，严禁验收。

4.6.3 竣工验收

1. 竣工验收规定

（1）单项工程验收。是指在一个总体建设项目中，一个单项工程已按设计要求建设完成，能满足生产要求或具备使用条件，且施工单位已自验合格，监理工程师已初验通过，在此条件下进行的正式验收。

（2）全部验收。是指整个建设项目已按设计要求全部建设完成，并符合竣工验收标准，施工单位自验通过，总监理工程师预验认可，由建设单位组织，设计、监理、施工等单位参加的正式验收。在整个项目进行全部验收时，对已验收过的单项工程，可以不再进行正式验收和办理验收手续，但应将单项工程验收单作为全部工程验收的附件而加以说明。

（3）办理竣工验收签证书，竣工验收签证书必须有三方的签字方可生效。

2. 工程竣工报告

（1）由施工单位编制，在工程完工后提交建设单位。

（2）在施工单位自行检查验收合格基础上，申请竣工验收。

（3）工程竣工报告应含以下内容：

1）工程概况。

2）施工组织设计文件。

3）工程施工质量检查结果。

4）符合法律法规及工程建设强制性标准的情况。

5）工程施工履行设计文件的情况。

6）工程合同履约情况。

4.7 工程质量问题与处理

4.7.1 工程质量问题的分类

（1）工程质量缺陷：

工程质量缺陷是指建筑工程施工质量中不符合规定要求的检验项或检验点，按其程度可分为严重缺陷和一般缺陷。严重缺陷是指对结构构件的受力性能或安装使用性能有决定性影响的缺陷；一般缺陷是指对结构构件的受力性能或安装使用性能无决定性影响的缺陷。

（2）工程质量通病：

工程质量通病是指各类影响工程结构、使用功能和外形观感的常见性质量损伤。犹如"多发病"一样，故称工程质量通病。

（3）工程质量事故：

工程质量事故是指由于建设、勘察、设计、施工、监理等单位违反工程质量有关法律法规和工程建设标准，使工程产生结构安全、重要使用功能等方面的质量缺陷，造成人身伤亡或者重大经济损失的事故。

4.7.2 工程质量事故的分类

依据住房和城乡建设部《关于做好房屋建筑和市政基础设施工程质量事故报告和调查处理工作的通知》（建质〔2010〕111号），根据工程质量事故造成的人员伤亡或者直接经济损失将工程质量事故分为四个等级：一般事故、较大事故、重大事故、特别重大事故，具体如下：

（1）特别重大事故，是指造成 30 人以上死亡，或者 100 人以上重伤，或者 1 亿元以上直接经济损失的事故。

（2）重大事故，是指造成 10 人以上 30 人以下死亡，或者 50 人以上 100 人以下重伤，或者 5000 万元以上 1 亿元以下直接经济损失的事故。

（3）较大事故，是指造成 3 人以上 10 人以下死亡，或者 10 人以上 50 人以下重伤，或者 1000 万元以上 5000 万元以下直接经济损失的事故。

（4）一般事故，是指造成 3 人以下死亡，或者 10 人以下重伤，或者 100 万元以上 1000 万元以下直接经济损失的事故。

4.7.3 重大质量事故的处理程序

（1）工程质量问题处理的依据

进行工程质量问题处理的主要依据有 4 个方面：质量问题的实况资料；具有法律效力且得到有关当事各方认可的工程承包合同、设计委托合同、材料或设备购销合同以及监理合同或分包合同等合同文件；有关的技术文件、档案；相关的建设法规。

（2）工程质量问题的报告

1）工程质量问题发生后，事故现场有关人员应当立即向工程建设单位负责人报告；工程建设单位负责人接到报告后，应于 1h 内向事故发生地县级以上人民政府住房和城乡建设主管部门及有关部门报告。情况紧急时，事故现场有关人员可直接向事故发生地县级以上人民政府住房和城乡建设主管部门报告。

2）住房和城乡建设主管部门接到事故报告后，应当依照下列规定上报事故情况，并同时通知公安、监察机关等有关部门：

① 较大、重大及特别重大事故逐级上报至国务院住房和城乡建设主管部门，一般事故逐级上报至省级人民政府住房和城乡建设主管部门，必要时可以越级上报事故情况。

② 住房和城乡建设主管部门上报事故情况，应当同时报告本级人民政府；国务院住房和城乡建设主管部门接到重大和特别重大事故的报告后，应当立即报告国务院。

③ 住房和城乡建设主管部门逐级上报事故情况时，每级上报时间不得超过 2h。

④ 事故报告应包括下列内容：

a. 事故发生的时间、地点、工程项目名称、工程各参建单位名称。

b. 事故发生的简要经过、伤亡人数（包括下落不明的人数）和初步估计的直接经济损失。

c. 事故的初步原因。

d. 事故发生后采取的措施及事故控制情况。

e. 事故报告单位、联系人及联系方式。

f. 其他应当报告的情况。

⑤ 事故报告后出现新情况，以及事故发生之日起 30d 内伤亡人数发生变化的，应当及时补报。

（3）工程质量问题的调查方式

1）住房和城乡建设主管部门应当按照有关人民政府的授权或委托，组织或参与事故调查组对事故进行调查，并履行下列职责：

① 核实事故基本情况，包括事故发生的经过、人员伤亡情况及直接经济损失。

② 核查事故项目基本情况，包括项目履行法定建设程序情况、工程各参建单位履行职责的情况。

③ 依据国家有关法律法规和工程建设标准分析事故的直接原因和间接原因，必要时组织对事故项目进行检测鉴定和专家技术论证。

④ 认定事故的性质和事故责任。

⑤ 依照国家有关法律法规提出对事故责任单位和责任人员的处理建议。

⑥ 总结事故教训，提出防范和整改措施。

⑦ 提交事故调查报告。

2）事故调查报告应当包括下列内容：

① 事故项目及各参建单位概况。

② 事故发生经过和事故救援情况。

③ 事故造成的人员伤亡和直接经济损失。

④ 事故项目有关质量检测报告和技术分析报告。

⑤ 事故发生的原因和事故性质。

⑥ 事故责任的认定和事故责任者的处理建议。

⑦ 事故防范和整改措施。

3）事故调查报告应当附具有关证据材料。事故调查组成员应当在事故调查报告上签名。

（4）工程质量问题的处理

1）住房和城乡建设主管部门应当依据有关人民政府对事故调查报告的批复和有关法律法规的规定，对事故相关责任者实施行政处罚。处罚权限不属本级住房和城乡建设主管部门的，应当在收到事故调查报告批复后 15 个工作日内，将事故调查报告（附具有关证据材料）、结案批复、本级住房和城乡建设主管部门对有关责任者的处理建议等转送有权限的住房和城乡建设主管部门。

2）住房和城乡建设主管部门应当依据有关法律法规的规定，对事故负有责任的建设、勘察、设计、施工、监理等单位和施工图审查、质量检测等有关单位分别给予罚款、停业整顿、降低资质等级、吊销资质证书其中一项或多项处罚，对事故负有责任的注册执业人员分别给予罚款、停止执业、吊销执业资格证书、终身不予注册其中一项或多项处罚。

5 工程竣工验收及备案

5.1 工程竣工验收及备案的依据

（1）《住房城乡建设部关于印发〈房屋建筑和市政基础设施工程竣工验收规定〉的通知》（建质〔2013〕171号）。

（2）《住房和城乡建设部关于修改〈房屋建筑工程和市政基础设施工程竣工验收备案管理暂行办法〉的决定》（住房和城乡建设部令第2号）。

5.2 工程竣工验收及备案的基本规定

（1）凡在中华人民共和国境内新建、扩建、改建的各类房屋建筑和市政基础设施工程的竣工验收（以下简称工程竣工验收），应当遵守《住房城乡建设部关于印发〈房屋建筑和市政基础设施工程竣工验收规定〉的通知》（建质〔2013〕171号）。

（2）国务院住房和城乡建设主管部门负责全国工程竣工验收的监督管理。县级以上地方人民政府建设主管部门负责本行政区域内工程竣工验收的监督管理，具体工作可以委托所属的工程质量监督机构实施。

（3）工程竣工验收由建设单位负责组织实施。

（4）工程竣工验收合格后，建设单位应当及时提出工程竣工验收报告。工程竣工验收报告主要包括工程概况，建设单位执行基本建设程序情况，对工程勘察、设计、施工、监理等方面的评价，工程竣工验收时间、程序、内容和组织形式，工程竣工验收意见等内容。

工程竣工验收报告还应附有下列文件：

1）施工许可证。

2）施工图设计文件审查意见。

3）工程竣工报告、工程质量评估报告、质量检查报告、工程质量保修书。

4）验收组人员签署的工程竣工验收意见。

5）法规、规章规定的其他有关文件。

（5）负责监督该工程的工程质量监督机构应当对工程竣工验收的组织形式、验收程序、执行验收标准等情况进行现场监督，发现有违反建设工程质量管理规定行为的，责令改正，并将对工程竣工验收的监督情况作为工程质量监督报告的重要内容。

（6）建设单位应当自工程竣工验收合格之日起15日内，依照《住房和城乡建设部关于修改〈房屋建筑和市政基础设施工程竣工验收备案管理暂行办法〉的决定》（住房和城乡建设部令第 2 号）的规定，向工程所在地的县级以上地方人民政府建设主管部门备案。

（7）国务院住房和城乡建设主管部门负责全国房屋建筑和市政基础设施工程（以下统称工程）的竣工验收备案管理工作。县级以上地方人民政府建设主管部门负责本行政区域内工程的竣工验收备案管理工作。

（8）建设单位应当自工程竣工验收合格之日起 15 日内，依照《住房和城乡建设部关于修改〈房屋建筑和市政基础设施工程竣工验收备案管理暂行办法〉的决定》（住房和城乡建设部令第 2 号）规定，向工程所在地的县级以上地方人民政府建设主管部门（以下简称备案机关）备案。

（9）备案机关收到建设单位报送的竣工验收备案文件，验证文件齐全后，应当在工程竣工验收备案表上签署文件收讫。工程竣工验收备案表一式两份，一份由建设单位保存，一份留备案机关存档。

（10）工程质量监督机构应当在工程竣工验收之日起 5 日内，向备案机关提交工程质量监督报告。

（11）备案机关发现建设单位在竣工验收过程中有违反国家有关建设工程质量管理规定行为的，应当在收讫竣工验收备案文件 15 日内，责令停止使用，重新组织竣工验收。

（12）军事建设工程的管理，按照中央军事委员会的有关规定执行。

5.3 工程竣工验收的条件

（1）完成工程设计和合同约定的各项内容。

（2）施工单位在工程完工后对工程质量进行了检查，确认工程质量符合有关法律、法规和工程建设强制性标准，符合设计文件及合同要求，并提出工程竣工报告。工程竣工报告应经项目经理和施工单位有关负责人审核签字。

（3）对于委托监理的工程项目，监理单位对工程进行了质量评估，具有完整的监理资料，并提出工程质量评估报告。工程质量评估报告应经总监理工程师和监理单位有关负责人审核签字。

（4）勘察、设计单位对勘察、设计文件及施工过程中由设计单位签署的设计变更通知书进行了检查，并提出质量检查报告。质量检查报告应经该项目勘察、设计负责人和勘察、设计单位有关负责人审核签字。

（5）有完整的技术档案和施工管理资料。

（6）有工程使用的主要建筑材料、建筑构配件和设备的进场试验报告，以及工程质量检测和功能性试验资料。

（7）建设单位已按合同约定支付工程款。

（8）有施工单位签署的工程质量保修书。

（9）对于住宅工程，进行分户验收并验收合格，建设单位按户出具《住宅工程质量分户验收表》。

（10）建设主管部门及工程质量监督机构责令整改的问题全部整改完毕。

（11）法律、法规规定的其他条件。

5.4 工程竣工验收的程序

（1）工程完工后，施工单位向建设单位提交工程竣工报告，申请工程竣工验收。实行监理的工程，工程竣工报告须经总监理工程师签署意见。

（2）建设单位收到工程竣工报告后，对符合竣工验收要求的工程，组织勘察、设计、施工、监理等单位组成验收组，制定验收方案。对于重大工程和技术复杂工程，根据需要可邀请有关专家参加验收组。

（3）建设单位应当在工程竣工验收 7 个工作日前将验收的时间、地点及验收组名单书面通知负责监督该工程的工程质量监督机构。

（4）建设单位组织工程竣工验收。

1）建设、勘察、设计、施工、监理单位分别汇报工程合同履约情况和在工程建设各个环节执行法律、法规和工程建设强制性标准的情况。

2）审阅建设、勘察、设计、施工、监理单位的工程档案资料。

3）实地查验工程质量。

4）对工程勘察、设计、施工、设备安装质量和各管理环节等方面作出全面评价，形成经验收组人员签署的工程竣工验收意见。

5）参与工程竣工验收的建设、勘察、设计、施工、监理等各方不能形成一致意见时，应当协商提出解决的方法，待意见一致后，重新组织工程竣工验收。

5.5 建设单位办理工程竣工验收备案应当提交的文件

（1）工程竣工验收备案表。

（2）工程竣工验收报告。竣工验收报告应当包括工程报建日期，施工许可证号，施工图设计文件审查意见，勘察、设计、施工、工程监理等单位分别签署的质量合格文件及验收人员签署的竣工验收原始文件，市政基础设施的有关质量检测和功能性试验资料以及备案机关认为需要提供的有关资料。

（3）法律、行政法规规定应当由规划、环保等部门出具的认可文件或者准许使用文件。

（4）法律规定应当由消防部门出具的对大型的人员密集场所和其他特殊建设工程验收合格的证明文件。

（5）施工单位签署的工程质量保修书。

（6）法规、规章规定必须提供的其他文件。

（7）住宅工程还应当提交《住宅质量保证书》和《住宅使用说明书》。

6 质量管理资料

➤➤➤

6.1 进场检验建筑材料

基本要求：
（1）水泥。
（2）钢筋。
（3）钢筋焊接、机械连接材料。
（4）砖、砌块。
（5）预拌混凝土、预拌砂浆。
（6）钢结构用钢材、焊接材料、连接紧固材料。
（7）预制构件、夹芯外墙板。
（8）灌浆套筒、灌浆料、坐浆料。
（9）预应力混凝土钢绞线、锚具、夹具。
（10）防水材料。
（11）门窗。
（12）外墙外保温系统的组成材料。
（13）装饰装修工程材料。
（14）幕墙工程的组成材料。
（15）低压配电系统使用的电缆、电线。
（16）空调与供暖系统冷热源及管网节能工程采用的绝热管道、绝热材料。
（17）供暖通风空调系统节能工程采用的散热器、保温材料、风机盘管。
（18）防烟、排烟系统的柔性短管。

6.2 施工试验检测资料

基本要求：
（1）复合地基承载力检验报告及桩身完整性检验报告。
（2）工程桩承载力及桩身完整性检验报告。
（3）混凝土、砂浆抗压强度试验报告及统计评定。
（4）钢筋焊接、机械连接工艺试验报告。
（5）钢筋焊接连接、机械连接试验报告。
（6）钢结构焊接工艺评定报告、焊缝内部缺陷检测报告。

（7）高强度螺栓连接摩擦面的抗滑移系数试验报告。

（8）地基、房心或肥槽回填土回填检验报告。

（9）沉降观测报告。

（10）填充墙砌体植筋锚固力检测报告。

（11）结构实体检验报告。

（12）外墙外保温系统型式检验报告。

（13）外墙外保温粘贴强度、锚固力现场拉拔试验报告。

（14）外窗的性能检测报告。

（15）幕墙的性能检测报告。

（16）饰面板后置埋件的现场拉拔试验报告。

（17）室内环境污染物浓度检测报告。

（18）风管强度及严密性检测报告。

（19）管道系统强度及严密性试验报告。

（20）风管系统漏风量、总风量、风口风量测试报告。

（21）空调水流量、水温、室内环境温度、湿度、噪声检测报告。

6.3 施工记录

基本要求：

（1）水泥进场验收记录及见证取样和送检记录。

（2）钢筋进场验收记录及见证取样和送检记录。

（3）混凝土及砂浆进场验收记录及见证取样和送检记录。

（4）砖、砌块进场验收记录及见证取样和送检记录。

（5）钢结构用钢材、焊接材料、紧固件、涂装材料等进场验收记录及见证取样和送检记录。

（6）防水材料进场验收记录及见证取样和送检记录。

（7）桩基试桩、成桩记录。

（8）混凝土施工记录。

（9）冬期混凝土施工测温记录。

（10）大体积混凝土施工测温记录。

（11）预应力钢筋的张拉、安装和灌浆记录。

（12）预制构件吊装施工记录。

（13）钢结构吊装施工记录。

（14）钢结构整体垂直度和整体平面弯曲度、钢网架挠度检验记录。

（15）工程设备、风管系统、管道系统安装及检验记录。

（16）管道系统压力试验记录。

（17）设备单机试运转记录。

（18）系统非设计满负荷联合试运转与调试记录。

6.4 质量验收记录

基本要求：

（1）地基验槽记录。

（2）桩位偏差和桩顶标高验收记录。

（3）隐蔽工程验收记录。

（4）检验批、分项、子分部、分部工程验收记录。

（5）观感质量综合检查记录。

（6）工程竣工验收记录。

7 建筑工程档案编制

<svg>▶▶▶</svg>

7.1 建设工程文件内容及管理要求

7.1.1 建设工程文件分类

（1）建设工程文件包括：工程准备阶段文件、监理文件、施工文件、竣工图和竣工验收文件5类，简称为工程文件。

（2）工程准备阶段文件可分为决策立项文件、建设用地文件、勘察设计文件、招标投标及合同文件、开工文件、商务文件6类。

（3）施工资料可分为施工管理资料、施工技术资料、施工进度及造价资料、施工物资资料、施工记录、施工试验记录及检测报告、施工质量验收记录、竣工验收资料8类。

（4）工程竣工文件可分为竣工验收文件、竣工决算文件、竣工交档文件、竣工总结文件4类。

（5）城市建设工程资料还可分为基建文件（决策立项文件，建设规划用地，征地、拆迁文件，勘察、测绘、设计文件，工程招标投标及承包合同文件，开工文件、商务文件，工程竣工备案文件等）、监理资料（监理管理资料、施工监理资料、竣工验收监理资料等）、施工资料（施工管理资料、施工技术文件、物资资料、测量监测资料、施工记录、验收资料、质量评定资料等）。

7.1.2 工程文件（以下称工程资料）的形成

（1）工程资料的形成应符合国家相关法律、法规、工程质量验收标准和规范、工程合同规定和设计文件要求。

（2）工程资料形成单位应对资料内容的真实性、完整性、有效性负责；由多方形成的资料，应各负其责。

（3）工程资料的文字、图表、印章应清晰。

（4）工程资料应内容完整、结论明确、签认手续齐全。

（5）工程资料的填写、编制、审核、审批、签认应及时进行，其内容应符合相关规定。

（6）工程资料不得随意修改；当需修改时，应实行划改，并由划改人签署。

（7）工程资料应真实、准确、齐全，与工程实际相符合。对工程资料进行涂改、伪造、随意抽撤或损毁、丢失等，应按有关规定予以处理；情节严重者，应依法追究责任。

（8）工程资料应为原件，应随工程进度同步收集、整理并按规定移交；当为复印件时，提供单位应在复印件上加盖单位印章，并应有经办人签字及日期。提供单位应对资料的真实性负责。

（9）工程资料应实行分级管理，分别由建设、监理、施工单位主管负责人组织本单位工程资料的全过程管理工作。

（10）项目部应设专人负责施工资料管理工作。实行主管负责人责任制，建立施工资料员岗位责任制。

（11）在对施工资料全面收集的基础上，进行系统管理、科学地分类和有秩序地排列。分类应符合技术档案本身的自然形成规律。

（12）工程施工资料一般按工程项目分类，使同一项工程的资料都集中在一起，这样能够反映该项目工程的全貌。而每一类下，又可按专业分为若干类。施工资料的目录编制，应通过一定形式，按照一定要求。总结整理成果，揭示资料的内容和它们之间的联系，便于检索。

（13）工程资料应与建筑工程建设过程同步形成，并应真实反映建筑工程的建设情况和实体质量。

（14）工程资料管理应制度健全、岗位责任明确，并应纳入工程建设管理的各个环节和各级相关人员的职责范围。

（15）工程资料宜采用信息化技术进行辅助管理。

（16）工程资料的套数、费用、移交时间应在合同中明确。

（17）工程资料的收集、整理、组卷、移交及归档应及时。

7.1.3　工程资料编制要求

（1）工程资料应采用耐久性强的书写材料。

（2）工程资料应字迹清楚，图样清晰，图表整洁，签字盖章手续完备。

（3）工程资料中文字材料幅面尺寸规格宜为 A4 幅面。图纸宜采用国家标准图幅。

（4）工程资料的纸张应采用能够长期保存的韧力大、耐久性强的纸张。图纸一般采用蓝晒图，竣工图应是新蓝图。计算机出图必须清晰，不得使用计算机出图的复印件。

（5）所有竣工图均应加盖竣工图章。

（6）利用施工图改绘竣工图，必须标明变更修改依据；凡施工图结构、工艺、平面布置等有重大改变，或变更部分超过图面 1/3 的，应当重新绘制竣工图。

（7）不同幅面的工程图纸应按现行国家标准《技术制图 复制图的折叠方法》GB/T 10609.3 的规定统一折叠成 A4 幅面，图标栏露在外面。

7.1.4　工程资料整理要求

（1）资料排列顺序一般为：封面、目录、文件资料和备考表。

（2）封面应含工程名称、开竣工日期、编制单位、卷册编号、单位技术负责人和法人代表或法人委托人签字并加盖公章。

（3）目录应准确、清晰。

（4）文件资料应按相关规范的规定顺序编排。

（5）备考表应按序排列，便于查找。

7.2 施工资料管理

7.2.1 基本规定

（1）施工合同中应对施工资料的编制要求和移交期限作出明确规定；施工资料应有建设单位签署的意见或监理单位对认证项目的认证记录。

（2）施工资料应由施工单位编制，按相关规范规定进行编制和保存；其中部分资料应移交建设单位、城建档案馆分别保存。

（3）总承包工程项目，由总承包单位负责汇集，并整理所有的有关施工资料；分包单位应主动向总承包单位移交有关施工资料。

（4）施工资料应随施工进度及时整理，所需表格应按有关法规的规定认真填写。

（5）施工资料，特别是需注册建造师签章的，应严格按有关法规规定签字、盖章。

7.2.2 提交企业保管的施工资料

（1）企业保管的施工资料应包括：施工管理资料、施工技术文件、物资资料、测量监测资料、施工记录、验收资料、质量评定资料等全部内容。

（2）企业保管的施工资料主要用于企业内部参考，以便总结工程实践经验，不断提升企业经营管理水平。

7.2.3 移交建设单位保管的施工资料

（1）竣工图表。

（2）施工图纸会审记录、设计变更和技术核定单。开工前施工项目部对工程的施工图、设计资料进行会审后并按单位工程填写会审记录；设计单位按施工程序或需要进行设计交底的交底记录；项目部在施工前进行施工技术交底，并留有双方签字的交底文字记录。

（3）材料、构件的质量合格证明。原材料、成品、半成品、构配件、设备出厂质量合格证；出厂检（试）验报告及进场复试报告。

（4）隐蔽工程检查验收记录。

（5）工程质量检查评定和质量事故处理记录，工程测量复检及预验记录、工程质量检验评定资料、功能性试验记录等。

（6）主体结构和重要部位的试件、试块、材料试验、检查记录。

（7）永久性水准点的位置、构造物在施工过程中测量定位记录，有关试验观测记录。

（8）其他有关该项工程的技术决定；设计变更通知单、洽商记录。

（9）工程竣工验收报告与验收证书。

7.3 工程资料移交

（1）工程资料移交归档应符合国家现行有关法规和标准的规定，当无规定时应按合同约定移交归档。

（2）施工单位应向建设单位移交施工资料。

（3）实行施工总承包的，各专业承包单位应向施工总承包单位移交施工资料。

（4）监理单位应向建设单位移交监理资料。

（5）工程资料移交时应及时办理相关移交手续，填写工程资料移交书、移交目录。

（6）建设单位应按国家有关法规和标准的规定向城建档案管理部门移交工程档案，并办理相关手续。有条件时，向城建档案管理部门移交的工程档案应为原件。

8 建设工程档案管理与归档文件质量要求

>>>

8.1 建设工程文件的归档范围及档案管理的基本规定

8.1.1 建设工程文件的归档范围

（1）对与工程建设有关的重要活动、记载工程建设主要过程和现状、具有保存价值的各种载体的文件，均应收集齐全、整理立卷后归档。

（2）工程文件的具体归档范围应符合现行国家标准《建设工程文件归档规范（2019年版）》GB/T 50328 附录 A 和附录 B 的要求。

（3）声像资料的归档范围和质量要求应符合现行行业标准《城建档案业务管理规范》CJJ/T 158 的要求。

（4）不属于归档范围、没有保存价值的工程文件，文件形成单位可自行组织销毁。

8.1.2 档案管理的基本规定

（1）工程文件的形成和积累应纳入工程建设管理的各个环节和有关人员的职责范围。

（2）工程文件应随工程建设进度同步形成，不得事后补编。

（3）每项建设工程应编制一套电子档案，随纸质档案一并移交城建档案管理机构。电子档案签署了具有法律效力的电子印章或电子签名的，可不移交相应纸质档案。

（4）建设单位应按下列流程开展工程文件的整理、归档、验收、移交等工作：

1）在工程招标及与勘察、设计、施工、监理等单位签订协议、合同时，应明确竣工图的编制单位、工程档案的编制套数、编制费用及承担单位、工程档案的质量要求和移交时间等内容。

2）收集和整理工程准备阶段形成的文件，并进行立卷归档。

3）组织、监督和检查勘察、设计、施工、监理等单位的工程文件的形成、积累和立卷归档工作。

4）收集和汇总勘察、设计、施工、监理等单位立卷归档的工程档案。

5）收集和整理竣工验收文件，并进行立卷归档。

6）在组织工程竣工验收前，应按现行国家标准《建设工程文件归档规范（2019年版）》GB/T 50328 的要求将全部文件材料收集齐全并完成工程档案的立卷；在组织竣工验收时，应组织对工程档案进行验收，验收结论应在工程竣工验收报告、专家组竣工验收意见中明确。

7）对列入城建档案管理机构接收范围的工程，工程竣工验收备案前，应向当地城建档案管理机构移交一套符合规定的工程档案。

（5）勘察、设计、施工、监理等单位应将本单位形成的工程文件立卷后向建设单位移交。

（6）建设工程项目实行总承包管理的，总包单位应负责收集、汇总各分包单位形成的工程档案，并应及时向建设单位移交；各分包单位应将本单位形成的工程文件整理、立卷后及时移交总包单位。建设工程项目由几个单位承包的，各承包单位应负责收集、整理立卷其承包项目的工程文件，并应及时向建设单位移交。

（7）建设工程档案的验收应纳入建设工程竣工联合验收环节。

（8）城建档案管理机构应对工程文件的立卷归档工作进行指导和服务，并按现行国家标准《建设工程文件归档规范（2019 年版）》GB/T 50328 的要求对建设单位移交的建设工程档案进行联合验收。

（9）工程资料管理人员应经过工程文件归档整理的专业培训。

（10）工程资料归档保存期限应符合国家现行有关标准的规定。当无规定时，不宜少于 5 年。

（11）建设单位工程资料归档保存期限应满足工程维护、修缮、改造、加固的需要。

（12）施工单位工程资料归档保存期限应满足工程质量保修及质量追溯的需要。

8.2 归档文件的质量要求

（1）归档的纸质工程文件应为原件。

（2）工程文件的内容及其深度应符合国家现行有关工程勘察、设计、施工、监理等标准的规定。

（3）工程文件的内容必须真实、准确，应与工程实际相符合。

（4）计算机输出文字、图件以及手工书写材料，其字迹的耐久性和耐用性应符合现行国家标准《信息与文献 纸张上书写、打印和复印字迹的耐久性和耐用性 要求与测试方法》GB/T 32004 的规定。

（5）工程文件应字迹清楚，图样清晰，图表整洁，签字盖章手续应完备。

（6）工程文件中文字材料幅面尺寸规格宜为 A4 幅面（297mm×210mm）。图纸宜采用国家标准图幅。

（7）工程文件的纸张，其耐久性和耐用性应符合现行国家标准《信息与文献 档案纸 耐久性和耐用性要求》GB/T 24422 的规定。

（8）所有竣工图均应加盖竣工图章，并应符合现行国家标准《建设工程文件归档规范（2019 年版）》GB/T 50328 规定。

（9）竣工图的绘制与改绘应符合国家现行有关制图标准的规定。

（10）归档的建设工程电子文件应采用或转换为《建设工程文件归档规范（2019 年版）》GB/T 50328—2014 表 4.2.10 所列文件格式。

（11）归档的建设工程电子文件应包含元数据，保证文件的完整性和有效性。元数据应符合现行行业标准《建设电子档案元数据标准》CJJ/T 187 的规定。

（12）归档的建设工程电子文件应采用电子签名等手段，所载内容应真实和可靠。

（13）归档的建设工程电子文件的内容必须与其纸质档案一致。

（14）建设工程电子文件离线归档的存储媒体，可采用移动硬盘、闪存盘、光盘、磁带等。

（15）存储移交电子档案的载体应经过检测，应无病毒、无数据读写故障，并应确保接收方能通过适当设备读出数据。

下篇

重点部位细部节点做法

9 地基与基础工程

>>>

9.1 基础筏板后浇带留置

根据筏板厚度、止水带位置，沿止水钢板长度方向中心点焊 $\phi12$ 附加钢筋，间距 $300\sim500\mathrm{mm}$，如图 9.1-1、图 9.1-2 所示。将附加钢筋与筏板上下层钢筋连接以固定止水钢板，止水钢板槽口朝向迎水面。根据止水钢板位置及筏板厚度裁剪钢板网，在止水钢板的上下部位安装钢板网，钢板网位于附加钢筋内侧并与筏板钢筋绑扎。在钢板网的外侧支设模板，模板上口根据钢筋间距锯出槽口，控制好钢筋保护层厚度及钢筋间距，支撑加固木方间距不大于 $500\mathrm{mm}$。

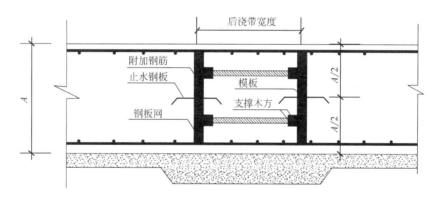

图 9.1-1 基础筏板后浇带留置示意图

图 9.1-2 基础筏板后浇带留置实例图

9.2 地下外墙止水钢板做法

采用 4mm 厚 300mm 宽的钢板作为施工缝处的止水带，钢板止水带上加设 150mm×350mm 矩形闭口箍筋，钢板止水带下口点焊在闭口箍筋上，柱、墙箍筋及拉钩焊接在闭口箍筋上，以防钢筋直接焊接在钢板上形成渗水通道，如图 9.2-1、图 9.2-2 所示。

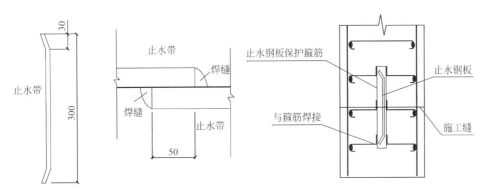

图 9.2-1 地下外墙后浇带止水带设置示意图

图 9.2-2 地下外墙止水钢板做法实例图

9.3 抗浮锚杆防水收头构造

基础垫层锚杆周围预留 200mm，锚杆注浆浇筑下沉 30mm，表面凿平抹光，基础垫层以上浮浆用钢刷清理干净。在锚杆钢筋周围 200mm 范围之内灌注与垫层同强度等级的混凝土，350mm 范围之内用普通 1:2 水泥砂浆表面抹光。用−25°的自粘型改性沥青防水卷材铺设 500mm×500mm 附加层，沿锚杆钢筋上翻 35mm 与锚杆钢筋裹紧，随基础铺贴防水卷材，在卷材附加层上口与锚杆钢筋交接处裹 20mm×30mm 的遇水橡胶膨胀止水带，用扎丝固定牢固，起到一定的阻水作用，如图 9.3-1～图 9.3-3 所示。

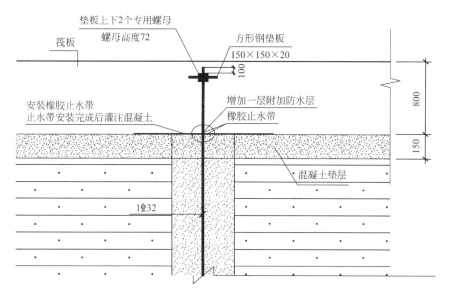

垫板上下2个专用螺母
螺母高度72
方形钢垫板
150×150×20
筏板
100
800
安装橡胶止水带
止水带安装完成后灌注混凝土
增加一层附加防水层
橡胶止水带
150
混凝土垫层
1Φ32

图 9.3-1 抗浮锚杆防水做法详图

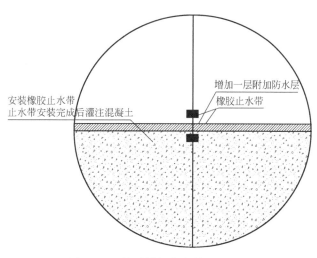

安装橡胶止水带
止水带安装完成后灌注混凝土
增加一层附加防水层
橡胶止水带

图 9.3-2 抗浮锚杆收头做法示意图

图 9.3-3 抗浮锚杆防水收头做法实例图

9.4 地下室超前止水构造

超前止水结构应与筏板分开施工，超前止水结构中的止水带按设计要求设置，中置式止水带位于加厚部分混凝土中间，外贴式止水带位于加厚部分垫层上。在加强层钢筋绑扎完成后预留伸缩缝或沉降缝，缝宽按设计要求留设，预留缝采用聚苯板填充。在超前止水后浇带顶面后浇带的两侧留50mm×100mm水平止水凹槽，防止混凝土浇筑后出现渗漏，如图9.4-1、图9.4-2所示。

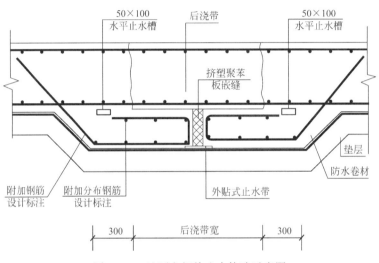

图 9.4-1 地下室超前止水构造示意图

图 9.4-2 地下室超前止水构造实例图

9.5 桩头防水做法

在桩头、桩侧及桩侧外围200mm范围内垫层的表面涂刷水泥基渗透结晶型防水涂料，在桩头根部及桩头钢筋根部凹槽内埋设遇水膨胀橡胶条，在桩顶、桩侧及桩侧外围300mm范围内垫层上表面抹5mm厚聚合物水泥防水砂浆，如图9.5-1、图9.5-2所示。待基层达到卷材施工条件时进行大面防水卷材施工，施工完毕后在桩侧与卷材接缝处嵌聚硫嵌缝膏。

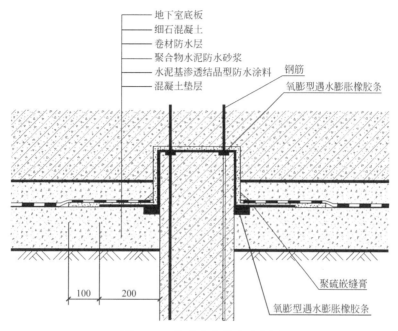

图9.5-1 桩头防水做法示意图

图9.5-2 桩头防水做法实例图

9.6 地下室外墙单侧支模

地下室外墙采用钢制定型模板，采用配套支腿进行支撑加固，外墙外侧采用不带支腿的钢模板，外侧模板通过对拉螺栓进行加固，如图9.6-1、图9.6-2所示。

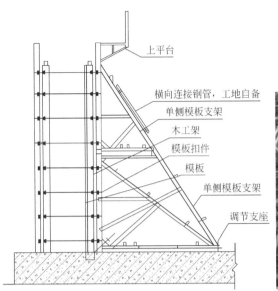

上平台

横向连接钢管，工地自备

单侧模板支架

木工架

模板扣件

模板

单侧模板支架

调节支座

图 9.6-1　地下室外墙单侧钢模板支设示意图

图 9.6-2　地下室外墙单侧钢模板支设实例图

10 主体结构工程

▶▶▶

10.1 混凝土墙柱顶部及根部防漏浆措施

（1）混凝土振捣：首先应做好交底，重点强调"混凝土振捣时间不得少于40s""振捣棒的振捣间距不得超过400mm""振捣棒应快插慢拔"及"新旧混凝土接槎处振捣应伸入旧混凝土内100~200mm"等振捣要点，选择技术熟练、责任心强的技术工人进行混凝土振捣。

（2）混凝土浇筑：混凝土浇筑之前应浇水，对木模板进行湿润清洗（若为铝模板则应涂刷隔离剂），提前浇筑50~100mm厚的水泥砂浆（同配比去粗骨料），一次性浇筑高度不超过1000mm。梁板柱一并浇筑时，应先浇筑柱混凝土至梁底50mm处，再进行梁板混凝土浇筑。根部采用3mm厚50mm×50mm角钢封堵，如图10.1-1、图10.1-2所示。

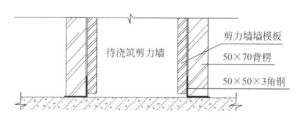

图 10.1-1　根部封堵措施示意图

图 10.1-2　根部防漏浆实例图

10.2 梁柱核心区不同强度等级混凝土浇筑

梁柱节点处主梁钢筋绑扎时，在梁柱节点距柱边≥500mm，且≥1/2梁高（h）处，沿45°斜面从梁顶面到梁底面用2mm网眼的密目钢丝网分隔，如图10.2-1、图10.2-2所示。梁柱节点框架核心区域的配筋较多，箍筋对混凝土的约束作用有利于提高混凝土抗压作用。为考虑施工方便，通常当柱混凝土强度等级高于梁板混凝土强度等级不超过二级时（10N/mm^2），将梁柱节点处的混凝土随同楼面梁板一起浇捣。

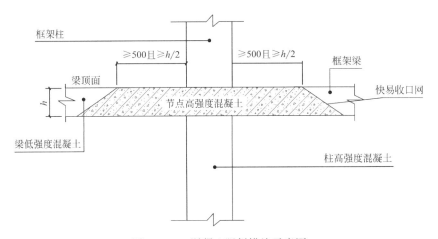

图 10.2-1 混凝土阻拦措施示意图

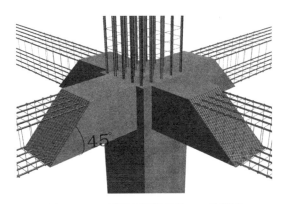

图 10.2-2 混凝土阻拦措施 3D 效果图

10.3 填充墙拉结筋预埋做法

根据框架填充墙拉筋预埋位置，在木模板上安装固定座，根据现场实际皮数杆尺寸进行模板弹线，确定固定座开孔位置，将固定座塞入孔中固定，弯折的拉结筋插入模具拉筋孔中，通过固定座固定可保证拉结筋长度、整体性，浇筑后混凝土表面光洁，如图10.3-1、图10.3-2所示。

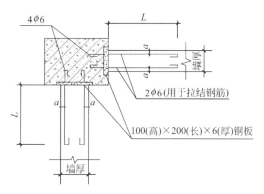

图 10.3-1　填充墙拉结筋预埋做法示意图

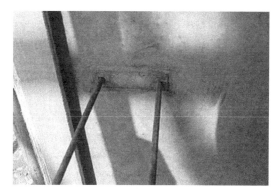

图 10.3-2　拉结筋预埋做法实例图

10.4　填充墙顶部砌筑做法

填充墙砌至梁、板底时，留 80～200mm 空隙，根据斜砌需要把砖砌成平行四边形。在填充墙砌完间歇 14d 后将顶部空隙斜砌，斜砌角度 45°～60°，逐块斜砌挤紧，灰缝厚度控制在 8～12mm，两端用三角形混凝土预制块砌筑，预制块尺寸根据砖长度、预留空隙高度及斜砌角度确定，预制块混凝土强度等级为 C15，如图 10.4-1、图 10.4-2 所示。

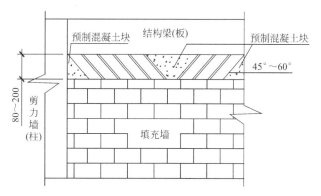

图 10.4-1　填充墙顶部砌筑示意图

(a)

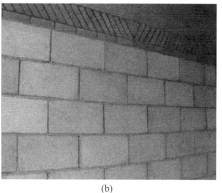

(b)

图 10.4-2　填充墙顶部砌筑实例图

（a）空心砖斜顶实例图；（b）加气块斜顶实例图

10.5 构造柱马牙槎砌筑

构造柱与砌体连接处砌成马牙槎，马牙槎先退后进，退后尺寸为每边 60mm，高度不大于 300mm，进槎下口砖裁成宽 60mm，角度 45°的斜角，如图 10.5-1 所示。支模前构造柱马牙槎边缘贴海绵条，安装模板时，为保证混凝土浇筑密实，应将一侧模板的顶端做成漏斗状。空心砖朝向构造柱的水平砖孔应封堵，防止漏浆。采用对拉螺杆在构造柱浇筑部位穿模板进行加固，避免砌体开洞。

图 10.5-1　构造柱马牙槎砌筑实例图

10.6 预制构件中穿线管及套管

当有电管穿过梁时，可采用现浇过梁内直接预埋电管或预制过梁内预埋 PVC 套管的方式，如图 10.6-1 所示。根据穿管位置、规格、数量在过梁底模上开孔或现浇过梁上预埋套管，开孔或预埋套管管径应比穿线管大 2mm，开孔或预埋套管位置应与箱体开孔位置、进管数量、规格一致，电管伸入过梁下 30mm，固定牢固后补浇混凝土，如图 10.6-2 所示。

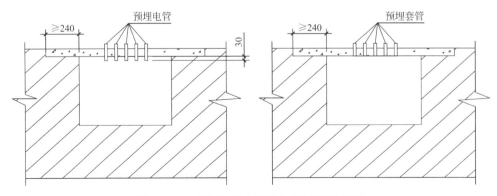

图 10.6-1　预制过梁内预埋电管/套管示意图

图 10.6-2　预制过梁内预埋电管实例图

10.7　砌体墙管线刻槽及填补

（1）刻槽：砌体上用切割机（砌体墙专用开槽器更宜）进行刻槽，刻槽深度应保证管线埋设后距表面不小于 20mm，且不得超过 100mm，墙面不得开水平及斜向槽，如图 10.7-1 所示。

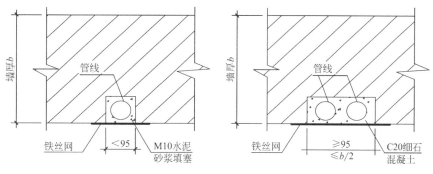

图 10.7-1　砌体墙管线埋设及刻槽示意图

（2）填补：管线埋设后用固定卡固定牢固，宽度小于 95mm 的槽用 M10 水泥砂浆填补。宽度大于 95mm 的线槽，墙体砌筑时预先在线槽部位砌体灰缝中留设墙拉筋，并在管线施工完毕后用 C20 细石混凝土填充密实至与墙体表面平齐。抹灰前在线槽位置处挂贴铁丝网，铁丝网每边大于槽宽 100mm，如图 10.7-2 所示。

图 10.7-2　砌体墙管线埋设及刻槽实例图

10.8 构造柱与主体结构柔性连接构造

（1）安装：根据构造柱设计截面尺寸，用角钢及扁铁焊接加工成三棱柱；将加工好的三棱柱比对在构造柱模板内侧（大约距悬挑梁梁底 100mm 处），对准三棱柱扁铁上的 $\phi4$ 孔眼，在构造柱模板上钻 $\phi4$ 孔眼，用 3 号螺杆将三棱柱与模板通过 $\phi4$ 孔眼连接，角钢三棱柱与模板安装完成，如图 10.8-1 所示。

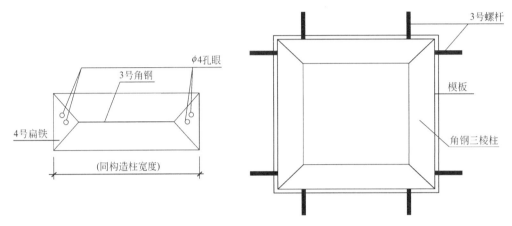

图 10.8-1　构造柱柔性连接模板安装示意图

（2）浇筑构造柱混凝土：拆除模板后凿除断开位置的混凝土，构造柱完全断开。在后期装饰装修时，对该位置用发泡剂进行填塞，这样构造柱与悬挑梁就形成了柔性连接，如图 10.8-2 所示。

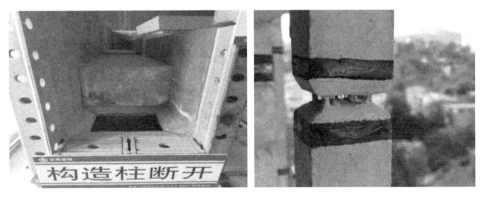

图 10.8-2　构造柱与主体结构柔性连接实例图

10.9 钢筋直螺纹连接丝头加工做法

钢筋丝头加工前应采用砂轮切割机（数控钢筋切断机效果更佳）对钢筋端头进行切割，切口端面与钢筋轴线垂直，切除马蹄口或扭曲部分。钢筋螺纹的丝头、牙形、螺距等加工时，必须与连接套牙形、螺距一致。丝头加工长度大于 1/2 的套筒长度。采用磨光机将丝头毛刺打磨平整，加套塑料保护帽，如图 10.9-1 所示。

(a)　(b)　(c)　(d)　(e)　(f)

图 10.9-1　钢筋直螺纹连接丝头加工做法实例图
（a）钢筋下料；（b）端头切除；（c）丝头加工；（d）检查丝头长度；（e）端头毛刺打磨；（f）加套保护帽

10.10　剪力墙洞口工具式定型模板

使用定型化钢模板制作成"口"形基本框架，通过钢制转角夹具对直角处进行固定形成整体定型模板，如图 10.10-1 所示。

将制作好的门窗洞口定型模板安装到洞口位置，使用钢丝绳与花篮螺栓对就位后的定型模板进行纠偏，用钢筋头焊接固定上下位置。再在洞口左右两侧焊接钢筋头，固定定型模板的左右位置。为防止定型模板变形，在水平及竖直方向采用钢管对顶加固，间距为200～400mm，如图 10.10-2 所示。

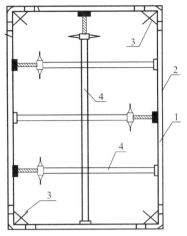

图 10.10-1　剪力墙洞口工具式定型模板示意图
1—模板支撑架；2—模板；3—钢制转角夹具；4—可调节支撑

图 10.10-2　剪力墙洞口工具式定型模板实例图

10.11　劲性结构梁柱节点深化设计与施工

BIM 技术具有模拟性及可视化特点，首先利用已有的 CAD 结构模型和 Tekla Structures 系列软件进行钢构件模型搭建，实现钢构件 3D 实体建模，给予形象而直观化的认知，其次在钢构件模型的基础上进行钢筋模型搭建，然后分析劲性节点及交叉关系，对其进行调整并优化，如图 10.11-1、图 10.11-2 所示。

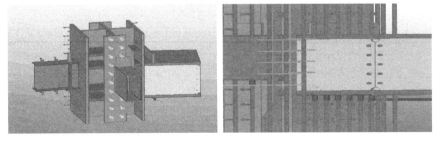

图 10.11-1　劲性结构梁柱节点深化 3D 示意图

图 10.11-2　劲性结构梁柱节点深化实例图

在钢构件复杂节点模型的基础上，根据平面设计图纸中梁、柱配筋信息，建立钢筋与钢构件的关系模型，发现节点连接问题及冲突，并对其进行处理，同时优化节点设计，确保构件制作质量，从而提高工程整体质量。为减少钢筋搭接，梁柱钢筋连接一端可采用接驳器连接，另一端采用连接板连接。

10.12　PC 构件套筒灌浆连接

套筒灌浆连接是指在预制混凝土构件中预埋的金属套筒中插入钢筋并灌注水泥基灌浆料而实现钢筋连接的方式，其连接性能应满足《装配式混凝土结构技术规程》JGJ 1—2014 中的Ⅰ级接头的要求，预制剪力墙中钢筋接头处套筒外侧钢筋的混凝土保护层厚度不应小于 15mm，预制柱中钢筋接头处套筒外侧箍筋的混凝土保护层厚度不应小于 20mm，套筒之间的净距不应小于 25mm，如图 10.12-1、图 10.12-2 所示。

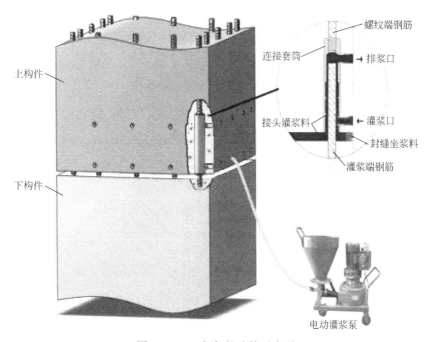

图 10.12-1　框架柱连接示意图

图 10.12-2　PC 构件套筒灌浆实例图

10.13　PC 构件竖向接缝

　　PC 构件与现浇构件的接合部、PC 构件间的连接、PC 构件与梁的连接，都采用了现浇混凝土。这些部位转角比较多，可采用定型模板。模板加固都使用对拉螺栓固定。在预制墙板时留好钩头螺栓预留孔，如图 10.13-1 所示。采用连通灌浆还需要划分灌浆区域，

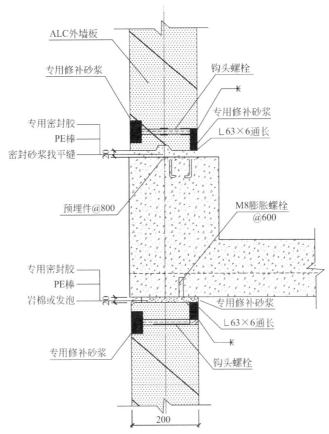

图 10.13-1　预制构件与楼板、导墙竖向部位连接示意图

通常任意两个灌浆套筒间距不超过 1.5m。灌浆前，对预制构件底部缝隙采用高强度砂浆进行封闭。

10.14 叠合楼板与梁连接处理

（1）安装工艺：搭设临时支撑→调整支撑龙骨→安装叠合板→安装板上层钢筋网片→浇筑混凝土→养护→拆除临时支撑→板底拼缝的处理。叠合楼板支撑安装应按施工方案要求进行布置，与框架梁施工穿插进行，尽可能缩短施工工期，如图 10.14-1 所示。叠合楼板吊装应按照设计图纸中的安装布置图进行，布置图中应有详细的楼板编号、尺寸及位置，如图 10.14-2 所示。

图 10.14-1　叠合楼板支撑安装

图 10.14-2　叠合楼板吊装

（2）叠合楼板与梁连接处理：清理板面及板缝→将叠合楼板钢筋锚入支座中→绑扎支座处负弯矩短钢筋。楼板上层钢筋应置于格构梁上弦钢筋上，与格构梁绑扎牢固，以防止偏移和混凝土浇筑时上浮，如图 10.14-3、图 10.14-4 所示。

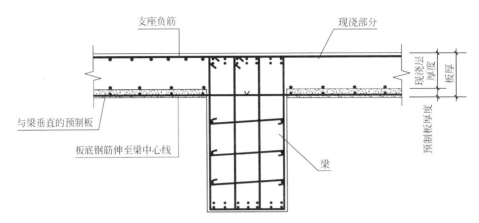

图 10.14-3　叠合楼板与梁连接示意图

图中标注：支座负筋、现浇部分、现浇层厚度、板厚、预制板厚度、与梁垂直的预制板、板底钢筋伸至梁中心线、梁

图 10.14-4　叠合楼板与梁连接实例图

10.15　道路管井周边基础处理

沥青道路管井周边易塌陷，主要原因为周边基础夯实不密实或者砌筑管井漏水等原因导致周边下沉，在施工中，具备条件时，尽可能现浇钢筋混凝土管井，杜绝漏水，另外，周边采用黏土按每层 250mm 进行人工夯实，确保不沉陷，如图 10.15-1 所示。

10.16　路缘石转角处做法

路缘石应以干硬性砂浆铺砌，砂浆应

图 10.15-1　道路管井周边夯实实例图

饱满、厚度均匀。路缘石砌筑应稳固、直线段顺直、曲线段圆顺、缝隙均匀；路缘石灌缝应密实，平缘石表面应平顺不阻水。路缘石背后宜浇筑水泥混凝土支撑，并还土夯实。还土夯实宽度不宜小于 50cm，高度不宜小于 15cm，压实度不得小于 90%。路缘石宜采用 M10 水泥砂浆灌缝。灌缝后，常温期养护不应少于 3d。对弯道部分路缘石应按设计半径专门加工弯道石，砌筑时保证线形流畅。如图 10.16-1、图 10.16-2 所示。

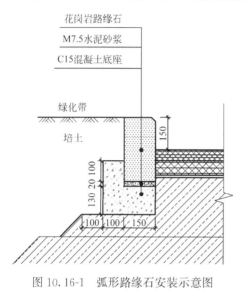

图 10.16-1 弧形路缘石安装示意图

图 10.16-2 弧形路缘石安装实例图

10.17 地下管廊预制构件节段拼装缝防水做法

采用插口工作面密封＋端面密封的防水构造形式，插口深度为 100~130mm，接口转角为 1.5°~2.5°，接口防水采用 2 道橡胶圈主防水，插口橡胶采用三元乙丙楔形弹性橡胶圈，断面为 CE-PZ150 型遇水膨胀弹性复合胶垫，如图 10.17-1 所示。插口胶条采用滑动就位安装，针对外侧漏水进入管廊，楔形圈张口方向朝外，抵抗外部水压。预制管廊接口处设置注浆管对管廊接口处进行注胶、注浆封装等维护措施，如图 10.17-2 所示。

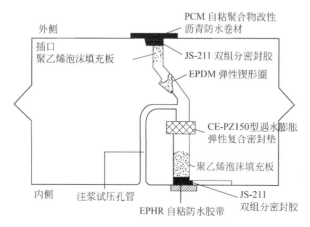

图 10.17-1 地下管廊预制构件节段拼装缝防水做法示意图

图 10.17-2 地下管廊预制构件节段拼装缝防水做法实例图

11 钢结构工程

➤➤➤

11.1 钢结构柱脚连接

钢结构柱脚底板上的锚栓孔孔径宜取锚栓直径加 5～10mm。锚栓垫板的锚栓孔径，取锚栓直径加 2mm。钢柱的垂直度、轴线、标高校正无误后立即紧固地脚螺栓。锚栓垫板与柱底板现场应焊接固定，螺母与锚栓垫板也应进行点焊。柱底板下部二次灌浆按设计要求，无要求时采用≥C40 无收缩细石混凝土或铁屑砂浆或无收缩灌浆料灌实，如图 11.1-1、图 11.1-2 所示。

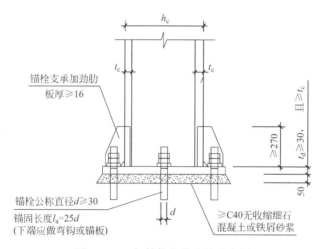

图 11.1-1　钢结构柱脚连接示意图

图 11.1-2　钢结构柱脚连接实例图

11.2 梁与柱连接

梁与柱的刚性连接节点通常采用翼缘焊接、腹板螺栓连接的栓焊混合连接形式，或翼缘、腹板全焊接的连接形式。梁翼缘与柱翼缘间宜采用单 V 形坡口加衬垫全熔透焊缝连接，如图 11.2-1、图 11.2-2 所示。梁腹板连接板与柱的连接焊缝，当板厚小于 16mm 时，采用双面角焊缝，当板厚不小于 16mm 时，采用 K 形坡口焊缝。

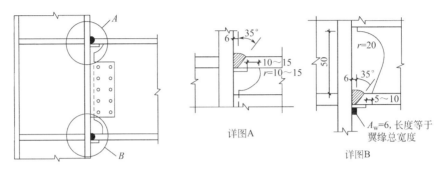

图 11.2-1　梁与柱连接示意图

图 11.2-2　梁与柱连接实例图

11.3 次梁与主梁的连接

次梁与主梁的连接通常为铰接，即次梁腹板与主梁的竖向加劲板用高强度螺栓连接，此时，高强度螺栓应自由穿入螺栓孔，连接面保持干燥、整洁，不应有飞边、毛刺、焊接飞溅物、氧化铁皮、污垢等，如图 11.3-1 所示。

图 11.3-1　次梁与主梁的连接实例图

174

11.4 H形柱的连接

H形柱的安装拼接接头宜采用高强度螺栓和焊接组合节点或全焊接节点，采用栓焊组合节点时，腹板应采用高强度螺栓连接，翼缘板采用单V形坡口加衬垫全熔透焊接。采用全焊接节点时，翼缘板应采用单V形坡口加衬垫焊缝连接，腹板宜采用K形坡口全熔透焊接，焊接时采用反面清根，如图11.4-1、图11.4-2所示。

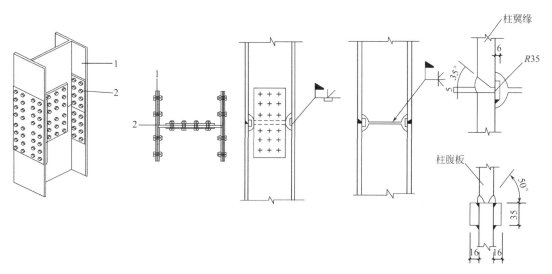

图 11.4-1　H形柱连接示意图

1—H形柱；2—高强度螺栓

图 11.4-2　H形柱连接实例图

11.5 箱形框架柱的连接

箱形框架柱的安装拼接应采用全焊接头，全焊透焊缝坡口形式应采用单V形坡口加衬垫，如图11.5-1所示。焊道与焊道、焊道与基本金属间过渡平滑，成型较好，外形均匀，焊渣和飞溅物清除干净，如图11.5-2所示。

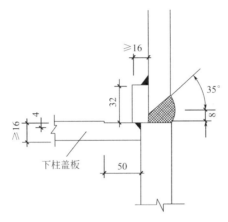

图 11.5-1　箱形框架柱连接示意图

图 11.5-2　箱形框架柱连接实例图

12 屋面工程

>>>

12.1 排烟（风）道做法

排烟（风）道应采用混凝土浇筑或预制混凝土结构，立面高度按设计及规范要求（包括风帽），顶面坡度为 10%，顶板底面四周距外沿 20～30mm 处应设滴水线，风帽宜采用不锈钢球形排风帽，风帽周边应打胶密封，烟道外饰面可采用刷涂料或贴砖饰面，如图 12.1-1、图 12.1-2 所示。

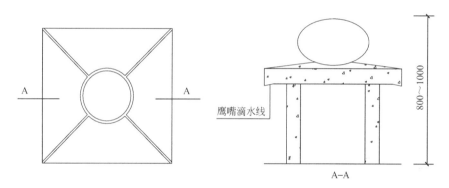

图 12.1-1 排烟（风）道做法示意图

图 12.1-2 排烟（风）道做法实例图

177

12.2 屋面排气孔暗设做法

将埋设于屋面分格缝处保温层内的 PVC 引气管直接引至女儿墙距屋面高度应大于350mm 处，且高于屋脊 50mm，如图 12.2-1 所示。排气孔形式可做成地漏面板、不锈钢弯头或地插盒等，同时应在适当位置设置标识牌，如图 12.2-2 所示。当屋面面积较大时，屋面排气孔可采用暗设排气孔和明设排气管复合的方法。当排气道遇到排烟道时，可将排气管上翻至泛水以上，排烟道开孔内排方式透气。

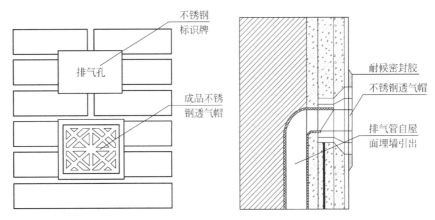

图 12.2-1 屋面暗设排气孔示意图

图 12.2-2 屋面暗设排气孔实例图

12.3 屋面排气孔明设做法

根据屋面排板在分格缝保温层内设置 PVC 排气管，在屋脊及分格缝位置纵横交叉处设排气管，排气孔采用不锈钢排气管生根于找平层上，埋设管壁周边应打孔确保排气通畅，排气管顶部防水收头应采用卡箍固定牢固，收头严密，底部做护墩保护，如图 12.3-1、图 12.3-2 所示。

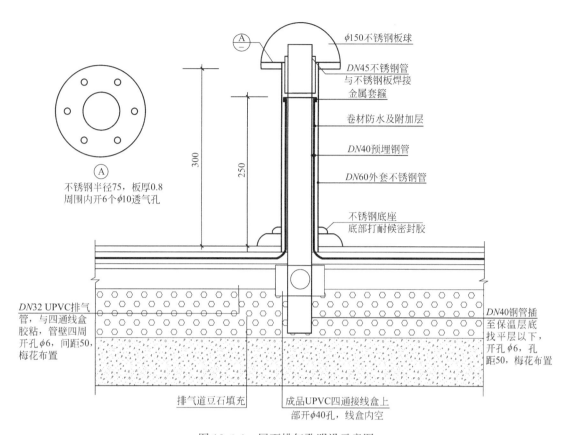

φ150不锈钢板球

DN45不锈钢管
与不锈钢板焊接
金属套箍

卷材防水及附加层

DN40预埋钢管

DN60外套不锈钢管

不锈钢底座
底部打耐候密封胶

A

不锈钢半径75，板厚0.8
周围内开6个φ10透气孔

300

250

DN32 UPVC排气
管，与四通线盒
胶粘，管壁四周
开孔φ6，间距50，
梅花布置

DN40钢管插
至保温层底
找平层以下，
开孔φ6，孔
距50，梅花布置

排气道豆石填充

成品UPVC四通接线盒上
部开φ40孔，线盒内空

图 12.3-1　屋面排气孔明设示意图

图 12.3-2　屋面排气孔明设实例图

12.4　屋面防水细部做法

1. 檐口、天沟、檐沟防水构造做法

（1）天沟、檐沟应增铺附加层。当采用沥青防水卷材时应增铺一层卷材；当采用高聚物改性沥青防水卷材或合成高分子防水卷材时宜采用防水涂膜增强层。

（2）天沟、檐沟与屋面交接处的附加层宜空铺，空铺宽度应为200mm，如图 12.4-1 所示。

（3）卷材防水层应由沟底翻上至沟外檐顶部，天沟、檐沟卷材收头应用水泥钉固定，并用密封材料封严，如图 12.4-2 所示。

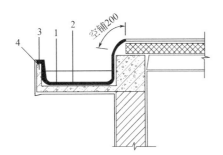
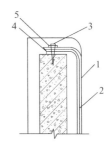

图 12.4-1　檐沟防水细部做法　　　　　　图 12.4-2　檐沟卷材收头做法
1—防水层；2—附加层；　　　　　　　　1—防水层；2—附加层；3—水泥钉；
3—水泥钉；4—密封材料　　　　　　　　4—密封材料；5—钢压条

（4）在天沟、檐沟与细石混凝土防水层的交接处应留凹槽并用密封材料嵌填严密。

（5）高低跨内排水天沟与立墙交接处应采取适应变形的密封处理。

2. 檐口的防水构造做法

无组织排水檐口 800mm 范围内卷材应采取满粘法；卷材收头应压入凹槽并用金属压条固定，密封材料封口，如图 12.4-3 所示；涂膜收头应用防水涂料多遍涂刷或用密封材料封严；檐口下端应抹出鹰嘴或滴水槽。

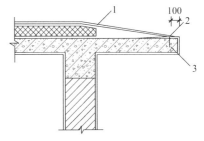

图 12.4-3　无组织排水檐口做法
1—防水层；2—密封材料；3—水泥钉

3. 女儿墙泛水的防水构造做法

（1）铺贴泛水处的卷材应采取满粘法。泛水收头应根据泛水高度和泛水墙体材料确定收头密封形式；砖墙上的卷材收头可直接铺压在女儿墙压顶下，压顶应做防水处理；也可压入砖墙凹槽内固定密封，凹槽距屋面找平层最低高度不应小于250mm，凹槽上部的墙体应做防水处理，如图 12.4-4 所示；混凝土墙上的卷材收头应采用金属压条钉压，并用密封材料封严，如图 12.4-5 所示。

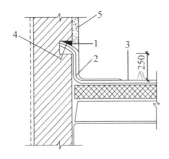
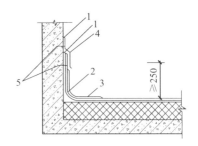

图 12.4-4　砖墙卷材泛水收头做法　　　　图 12.4-5　混凝土墙卷材泛水收头做法
1—密封材料；2—附加层；3—防水层；　　1—密封材料；2—附加层；3—防水层；4—金属、
4—水泥钉；5—防水处理　　　　　　　　合成高分子防水卷材盖板；5—水泥钉

（2）泛水宜采取隔热防晒措施，可在泛水卷材面砌砖后抹水泥砂浆或浇细石混凝土保护；亦可采用涂刷浅色涂料或粘贴铝箔保护层。

4. 变形缝的防水构造做法

（1）变形缝的泛水高度不应小于250mm，防水层应铺贴到变形缝两侧砌体的上部，如图12.4-6所示。

（2）变形缝内宜填充聚苯乙烯泡沫塑料或沥青麻丝，上部填放衬垫材料，并应用卷材封盖，顶部应加扣混凝土盖板或金属盖板，混凝土盖板的接缝应用密封材料嵌填，如图12.4-7～图12.4-9所示。

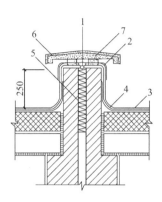

图 12.4-6　变形缝构造（砖墙）做法
1—衬垫材料；2—卷材封盖；3—防水层；
4—附加增强层；5—沥青麻丝；
6—水泥砂浆；7—混凝土盖板

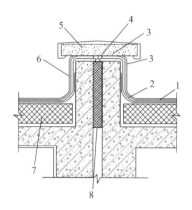

图 12.4-7　变形缝构造（混凝土墙）做法
1—防水层；2—附加防水层；3—合成高分子卷材；
4—聚乙烯泡沫棒；5—混凝土压顶；6—保护层；
7—保温层；8—衬垫材料（聚乙烯泡沫板）

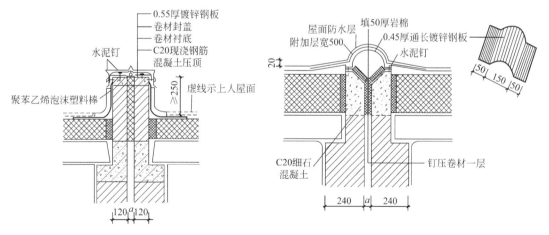

图 12.4-8　变形缝（结构为预制板）做法

5. 水落口防水构造做法

（1）水落口杯上口的标高应设置在沟底的最低处。

（2）防水层伸入水落口杯内不应小于50mm，如图12.4-10所示。

（3）水落口周围直径500mm范围内坡度不应小于5%，并采用防水涂料或密封材料

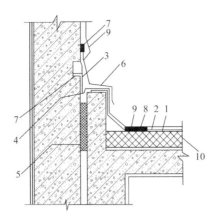

图 12.4-9　高低跨变形缝做法

1—找平层；2—防水层；3—合成高分子卷材；4—聚乙烯泡沫棒；5—衬垫材料（聚乙烯泡沫板）；
6—金属板；7—固定、密封；8—附加防水层；9—保护层；10—保温层

涂封，其厚度不应小于 2mm。

（4）水落口杯与基层接触处应留宽 20mm、深 20mm 凹槽，并嵌填密封材料。

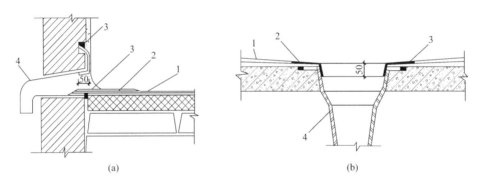

图 12.4-10　水落口防水构造做法示意图

（a）横式水落口；（b）直式水落口

1—防水层；2—附加层；3—密封材料；4—水落口

6. 混凝土压顶做法

女儿墙、山墙可采用现浇混凝土或预制混凝土，也可采用金属制品或合成高分子卷材封顶。

7. 反梁过水孔构造做法

（1）应根据排水坡度要求留设反梁过水孔，图纸应注明孔底标高。

（2）留置的过水孔高度不应小于 150mm，宽度不应小于 250mm；当采用预留管做过水孔时，管径不得小于 75mm。

（3）过水孔可采用防水涂料或密封材料做防水处理。预埋管道两端周围与混凝土接触处应留凹槽，用密封材料封严。

8. 伸出屋面管道的防水构造做法

（1）管道根部直径 500mm 范围内，找平层应做成高度不小于 30mm 的圆台，如图 12.4-11 所示。

（2）管道周围与找平层或细石混凝土防水层之间，应预留 20mm×20mm 的凹槽，并用密封材料嵌填严密。防水层收头应用金属箍箍紧，并用密封材料封严。

（3）管道根部四周应增设附加层，宽度和高度不应小于 300mm。

9. 屋面出入口防水层收头做法

屋面垂直出入口防水层收头应压在混凝土压顶圈下，如图 12.4-12 所示；水平出入口防水层收头应压在混凝土踏步下，防水层的泛水应设护墙，如图 12.4-13 所示。

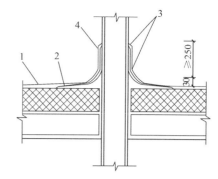

图 12.4-11　伸出屋面管道防水构造

1—防水层；2—附加层；3—密封材料；4—金属箍

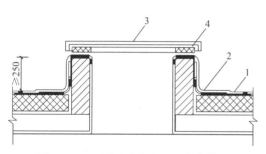

图 12.4-12　屋面垂直出入口防水构造

1—防水层；2—附加层；3—人孔盖；4—混凝土压顶圈

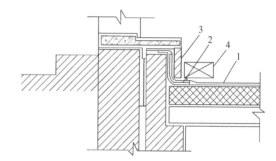

图 12.4-13　屋面水平出入口防水构造

1—防水层；2—附加层；3—护墙；4—踏步

12.5　出屋面管道栈桥做法

出屋面管道栈桥需结合排砖的分割和颜色进行加工，对于高度小于 500mm 的管道栈桥，宜采用铁艺成品栈桥，造型美观，对于高度超过 500mm 的管道栈桥，可采用型钢进行加工制作，在栈桥两侧设置不小于 1.2m 高的栏杆扶手，防止人员失足摔伤，如图 12.5-1 所示。

图 12.5-1　出屋面管道栈桥做法实例图

12.6 屋面伸缩缝压顶细部做法

单元屋面伸缩缝一侧翻口及压顶采用混凝土现浇，防水、抗震、整体观感较好。施工时屋面伸缩缝一侧应悬挑保证 20mm 以上的空隙，另一侧与女儿墙留设 20~30mm 缝隙，采用打胶处理。伸缩缝压顶下端应做滴水线，女儿墙处避雷带做凸起，如图 12.6-1、图 12.6-2 所示。

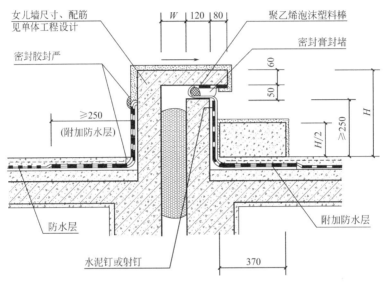

图 12.6-1 屋面伸缩缝压顶做法示意图

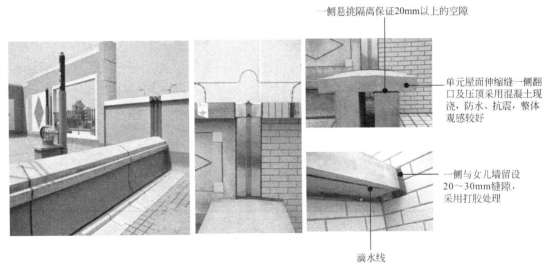

图 12.6-2 屋面伸缩缝压顶做法实例图

12.7 屋面水落口做法

（1）宜采用侧面水落口，且水落口要比天沟防水层低 10～15mm。

（2）水落口一般应先安装，后浇筑结构混凝土。

（3）水落口周围直径 500mm 范围内用防水涂料或密封材料涂封作为附加层，厚度不少于 2mm，如图 12.7-1、图 12.7-2 所示。

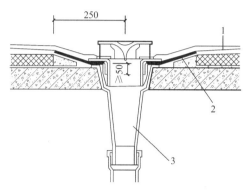

图 12.7-1 直式水落口示意图

1—防水层；2—附加层；3—水落斗

图 12.7-2 现场水落口实例图

（4）水落口杯与基层接触处应留宽 20mm、深 20mm 的凹槽，嵌填密封材料。

12.8 屋面透气管做法

（1）选材要求：可选择美观大方且不同样式的排气管，并取得业主、设计的同意。

（2）具体做法：在经常有人停留的屋面上，通气管口应高出屋面 2m，并应根据防雷要求安装防雷装置，如图 12.8-1、图 12.8-2 所示。

（3）实体要求：通气管标识、管根收口、防雷接地。

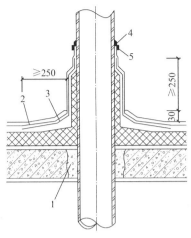

图 12.8-1　屋面透气管做法示意图

1—细石混凝土；2—防水卷材；3—附加层；4—密封材料；5—金属箍

 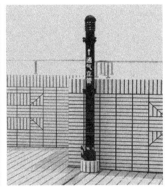 

图 12.8-2　屋面透气管做法实例图

13 装饰装修工程

▶▶▶

13.1 外墙面工程

13.1.1 室外构件顶部找坡及滴水槽做法

窗台、窗楣、檐口、雨篷、阳台和女儿墙压顶、腰线等部位下面做滴水槽或滴水线，上面做泛水坡，外窗台、窗楣、檐口、雨篷、阳台向外流水坡度≥5％，女儿墙压顶向内排水坡度≥5％～10％，下口做滴水槽。

施工时，将基层残存的砂浆、污垢清理干净，用水湿润后凿毛，边角部位吊垂直，底口在同一水平线上，弹线并拉通线找平，安装 PVC 分格条做滴水槽，离外边沿 20～30mm，距两端墙面 50m 处断开引出做截水处理。平接及转角部位处裁割成 45°拼接，表面与抹灰层平齐，在涂饰前贴美纹纸保护，涂饰后清理干净或用油漆补刷。滴水槽应镶贴牢固，拼接严密顺直，无污染，如图 13.1-1 所示。

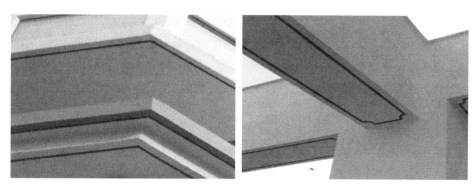

图 13.1-1 室外构件滴水槽做法实例图

13.1.2 外墙大角粉刷做法

首先将高出墙面的混凝土凿除干净、堵塞脚手眼、螺栓眼，基层清理完后粘贴带网格布的阳角条，再将网格布进行搭接，最后抹砂浆、刷腻子、打磨、刷涂料，如图 13.1-2、图 13.1-3 所示。

13.1.3 外墙变形缝做法

变形缝形式应根据设计确定，设计无明确要求时，可采用不锈钢板加工，不锈钢板厚

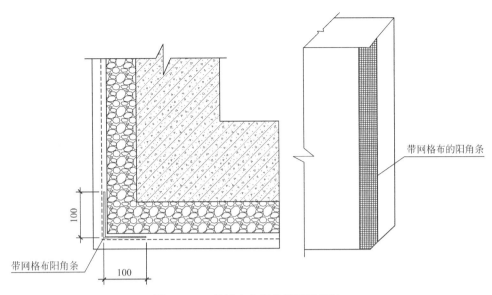

图 13.1-2 外墙大角阳角粉刷示意图

度不小于 1.2mm。每块加工长度及安装位置宜与外墙饰面分格缝对应。变形缝安装前基层应处理平整，防水密封带安装完毕，随外墙装饰同步安装，安装时应挂双线控制垂直度及平整度。不锈钢板固定采用膨胀螺钉固定，钉距不大于 450mm，外墙有保温层时，应与墙面基层固定连接，交接处平整，两侧打胶密封，如图 13.1-4 所示。

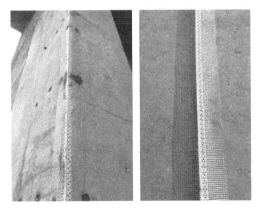

图 13.1-3 外墙大角粉刷实例图

图 13.1-4 外墙变形缝做法实例图

13.1.4 幕墙装饰及不规则部位采用定制材料做法

随着建筑材料和工艺的更新，幕墙工程作为建筑的重要装饰工程，材料也趋于多样化：金属幕墙、玻璃幕墙、石材幕墙、水泥纤维丝板幕墙、陶瓷幕墙等逐渐普及。幕墙工程部分节点不规则造型部位因细部节点复杂、造型线条多变、现场加工难度大，为保证幕墙材料防火节能、抗压吸声等性能指标，宜根据图纸对材质进行深化设计后定制幕墙材料，交由工厂预制完成后运至现场进行安装。有条件的情况下可利用软件进行装饰面预拼装，对所有块料进行编号后全部进行工厂加工，现场仅安装即可，如图13.1-5所示。

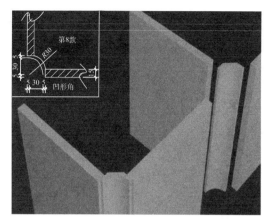

图 13.1-5　外幕墙不规则材料做法实例图

13.2　内墙饰面及吊顶工程

13.2.1　填充墙与混凝土墙交界处理

砌筑前，在填充墙与混凝土接触面上用界面剂甩浆形成毛面，砌筑时接缝处用砂浆填塞密实。大面积抹灰前，在砌体与混凝土接触处抹直角边为10～15mm的聚合物砂浆斜角，并用掺801胶的素水泥浆粘贴网格布后进行大面抹灰，网格布与各基体的搭接宽度不小于100mm，网格布在混凝土墙面上粘贴牢固，如图13.2-1、图13.2-2所示。

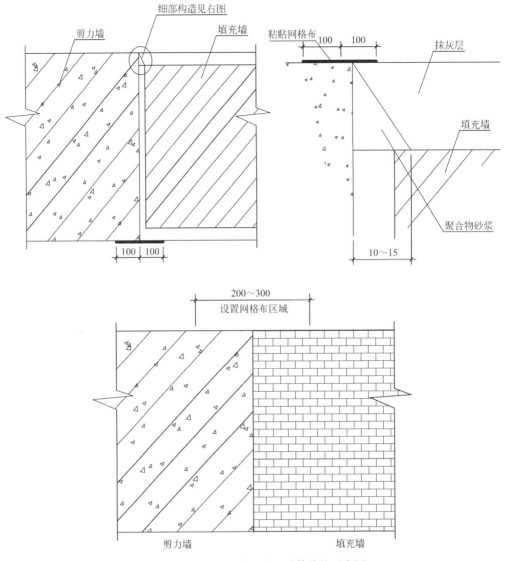

图 13.2-1 填充墙与混凝土墙体接缝示意图

图 13.2-2 填充墙与混凝土墙体接槎处实例图

13.2.2　室内楼梯滴水线做法

楼梯滴水线可用水泥砂浆滴水线和贴地砖滴水线两种，水泥砂浆滴水线宽度为90mm，在中间镶嵌10mm宽的PVC分格条，侧面镶"T"形分格条，如图13.2-3所示。施工时用素水泥浆先将中间及侧面PVC条固定好后，再抹水泥砂浆，水泥砂浆厚度应与PVC条平齐，粉刷后及时清理干净。地砖滴水线用聚合物砂浆粘贴，粘结层厚度不大于5mm，滴水线侧面与楼梯底板交接清晰顺直。滴水线在梯井处应交圈，分格条、地板砖在转角处45°拼接。楼梯梯板侧面及水泥砂浆滴水线应刷灰色涂料防止污染，如图13.2-4所示。

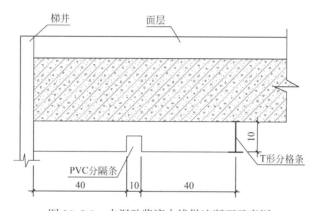

图 13.2-3　水泥砂浆滴水线做法断面示意图

图 13.2-4　楼梯间滴水线做法实例图

13.2.3　涂料内墙面阳角粉刷

基层清理应干净，用腻子制作膏状浆料，抹在阴阳角墙两边，并保持一定厚度，将阴阳角护角条贴紧墙角，拉出膏浆，找准水平垂直，刮去孔洞溢出的浆料，将腻子抹平，干燥后以阳角顶端为定位批刮腻子即可，如图13.2-5、图13.2-6所示。

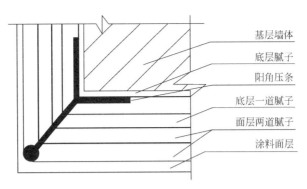

基层墙体
底层腻子
阳角压条
底层一道腻子
面层两道腻子
涂料面层

图 13.2-5 涂料内墙阳角粉刷示意图

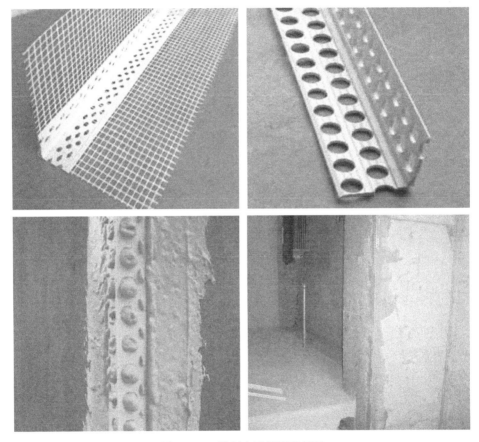

图 13.2-6 涂料内墙粉刷实例图

13.2.4 贴砖墙面阳角成品保护

墙面砖阳角处镶贴圆角金属条或 PVC 线条进行过渡处理，如图 13.2-7 所示。

13.2.5 墙柱与地面接缝处理

对结构墙体表面做墙面找平层及装饰处理后，在墙柱地面接缝处做踢脚线处理，如图 13.2-8、图 13.2-9 所示。

图 13.2-7 贴砖墙面阳角成品保护实例图

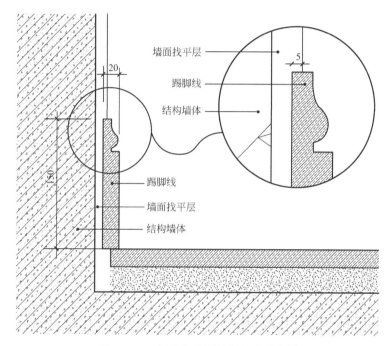

图 13.2-8 墙柱与地面接缝处理示意图

图 13.2-9 墙柱与地面接缝处理实例图

13.2.6　乳胶漆墙面与梁节点细部处理

先进行墙体和梁节点策划，保证抹灰后梁和墙面平齐；涂料墙面基层施工时按照要求在墙阳角处预埋铝合金线条，乳胶漆面层施工完毕后，再进行墙面和梁阳角打磨处理，如图 13.2-10 所示。

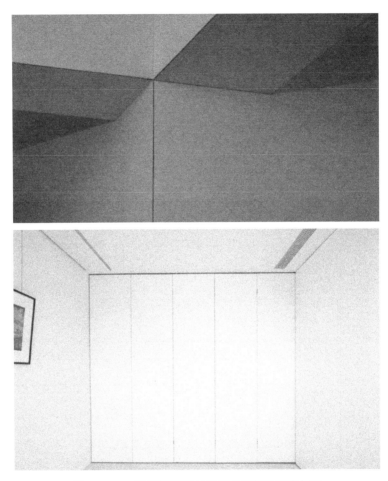

图13.2-10　乳胶漆墙面与梁节点细部处理实例图

13.2.7　吊顶末端设备排布

（1）吊顶施工前需进行整体策划，电脑排版，并施工样板，样板验收合格后对作业人员进行交底，再进行大面积施工。

（2）必须对吊顶内的消防、空调与通风工程进行二次深化设计。走道吊顶应奇数排版，确保喷淋头、灯具、烟感、风口居中成线排列，如图 13.2-11 所示。

（3）板块面层吊顶不能奇数吊顶时可采用吊顶两侧加条板处理，避免整版切割。

13.2.8　石膏板吊顶与墙面接缝处理

在墙面与吊顶接触面，做 U 形龙骨处理，预留凹形槽，如图 13.2-12、图 13.2-13 所示。

图 13.2-11　吊顶末端排布实例图

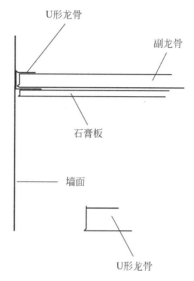

图 13.2-12　U形龙骨布置示意图

图 13.2-13　石膏板吊顶与墙面接缝处理实例图

13.2.9　地面不同材质接缝处细部处理

（1）木地板与地砖衔接，如果存在较小高度差（5mm 以内），可用带坡度的压条衔接，不会妨碍走路；压条的颜色建议与地板颜色相同，整体感更强，如图 13.2-14 所示。

图 13.2-14　地面不同材质接缝处压条衔接实例

（2）过门石是最常见的用于地板与地砖之间的过渡材料，能有效防止地板起拱。如果过门石的颜色和两种地面的装修材料区别较大，还可以很好地区分室内的空间，使室内的空间感更加强烈，如图 13.2-15 所示。

图 13.2-15　地面不同材质接缝处过门石处理实例

13.2.10　块材楼梯面挡水板做法

楼梯挡水板采用同踏步板相同材质和颜色的材料；挡水板宽度宜为 100mm，厚度同踏步板，水平板必须为整砖；踏步面和踢面均贴挡水板，如图 13.2-16、图 13.2-17 所示。

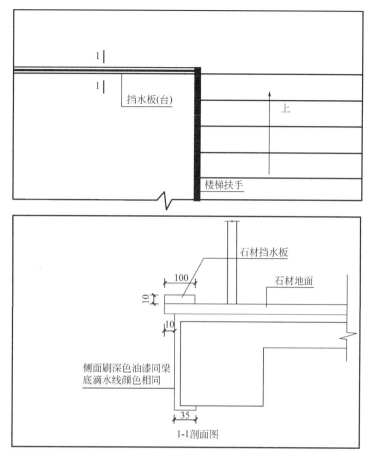

图 13.2-16　块材楼梯面挡水板示意图

图 13.2-17　块材楼梯面挡水板实例图

13.2.11　楼梯侧面涂料与踏步（踢面）交接处理

涂料基层平整、无空鼓，面层颜色一致，无刷纹，与踏步接缝处贴美纹纸作打胶处理，避免污染和收缩开裂，如图 13.2-18 所示。

13.2.12 楼梯最上端休息板临空面挡板做法

采用与地面或栏杆同材质材料，挡板下部紧贴地面，高度不低于 100mm，挡板高度一致，与平台板及栏杆可靠连接，如图 13.2-19 所示。

图 13.2-18 楼梯侧面涂料与踏步
（踢面）交接处理实例图

图 13.2-19 楼梯最上端休息板
临空面挡板做法实例图

13.2.13 轻钢龙骨隔墙做法

（1）隔墙施工若使用后置埋件，需根据具体情况选用化学螺栓或机械锚栓，并应在施工图中注明种类及规格。

（2）轻钢龙骨隔墙的耐火极限、隔声量、允许最大高度等参数，需符合相关标准和规范要求。隔墙面板亦可采用硅酸钙板、加强型石膏板等材料，双层板的内外层板缝应错开，如图 13.2-20、图 13.2-21 所示。

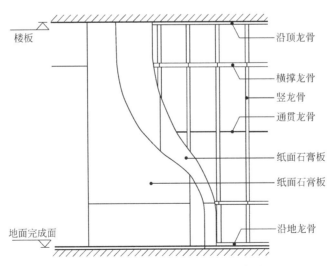

图 13.2-20 轻钢龙骨隔墙做法示意图

（3）轻钢龙骨隔墙骨架下方是否做混凝土地垄需根据具体情况确定。

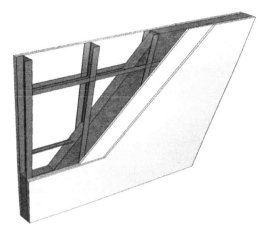

图 13.2-21　轻钢龙骨隔墙做法三维示意图

13.2.14　石材干挂墙面做法

（1）石材安装顺序一般由下向上逐层施工。石材墙面宜先安装主墙面，门窗洞口则宜先安装侧边短板，以免操作困难，如图 13.2-22 所示。墙面第一层石材施工时，下面用铝方通或厚木板做临时支托。

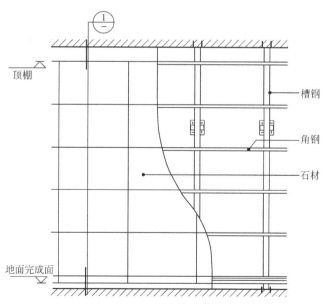

图 13.2-22　石材干挂墙面做法示意图

（2）将石材支放平稳后，用手持电动无齿磨切机开切安装槽口，开切槽口后石材净厚度不得小于 6mm。槽口不宜开切过长、过深，以能配合安装金属干挂件为宜，如图 13.2-23、图 13.2-24 所示。开槽时尽量干法施工，并要用压缩空气将槽内粉尘吹净。如石材硬度较大，开槽时必须用水冷却，开槽后应将槽口烘烤干燥和清理干净，以免胶粘剂与石材不能很好粘接牢固。

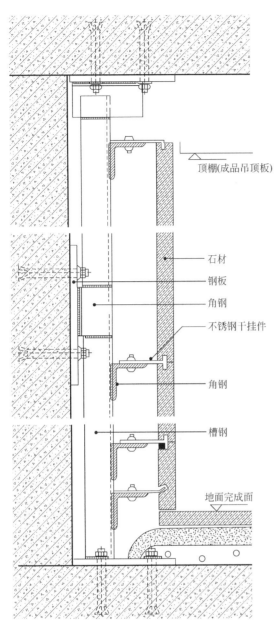

图 13.2-23　石材干挂墙面做法节点详图

石材
钢板
角钢
不锈钢干挂件
角钢
槽钢
地面完成面
顶棚(成品吊顶板)

图 13.2-24　三维示意图

（3）在干挂槽口内注满环氧树脂 A、B 胶，安放就位后调节金属干挂固定螺栓，并用拉通线、铝方通、吊锤调平调直，调试平直后用小木楔和卡具临时固定。

（4）对石材圆柱柱脚较厚和较重的石材，安装时要用硬物做好支垫，预装完成后，立即用细石混凝土填实做好垫层，以防上层石材安装后产生沉降或变形。

13.2.15　木饰面墙面做法

（1）轻钢龙骨与基层板必须牢固可靠安装，安装后应检查基层的垂直度和平整度，有防潮要求的应进行防潮处理，如图 13.2-25、图 13.2-26 所示。

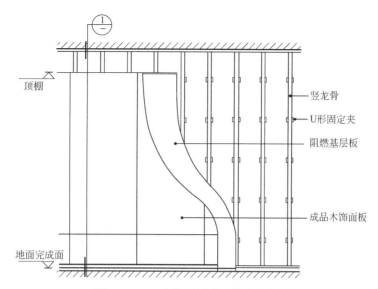

顶棚

竖龙骨

U形固定夹

阻燃基层板

成品木饰面板

地面完成面

图 13.2-25　木饰面板墙面做法示意图

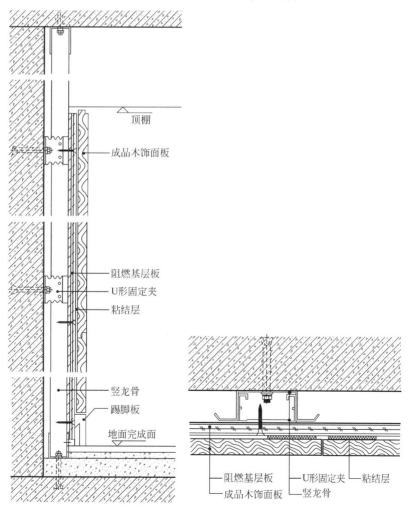

顶棚

成品木饰面板

阻燃基层板

U形固定夹

粘结层

竖龙骨

踢脚板

地面完成面

阻燃基层板　　　U形固定夹　　粘结层

成品木饰面板　　竖龙骨

图 13.2-26　木饰面板墙面做节点详图

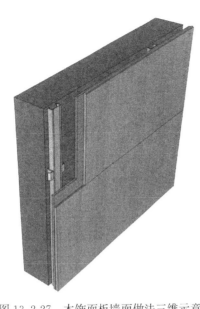

图 13.2-27　木饰面板墙面做法三维示意图

（2）饰面板制作应尺寸正确、表面平直光滑、棱角方正、线条顺直、无刨痕、毛刺等。

（3）饰面板安装前应进行选配，颜色、木纹对接应协调。在饰面板安装前，应先设计好分块尺寸，并将每块饰面板在墙面上试装，经调整修理后再正式安装。

（4）饰面板固定应采用干挂或胶粘，接缝应在龙骨上，并应平整。安装饰面板位置准确、割角整齐、交圈接缝严密、平直通顺、与墙面紧贴，出墙尺寸一致，如图 13.2-27 所示。

13.2.16　木质吸声板墙面做法

（1）木质吸声板的安装顺序一般遵循从左到右，从下到上的原则。木质吸声板横向安装时，凹口向上；竖直安装时，凹口在右侧，如图 13.2-28～图 13.2-30 所示。

（2）部分实木吸声板对花纹有要求的，每一立面应按照实木吸声板上事先编好的编号依次从小到大进行安装（实木吸声板的编号遵循从左到右、从下到上、数字依次从小到大）。

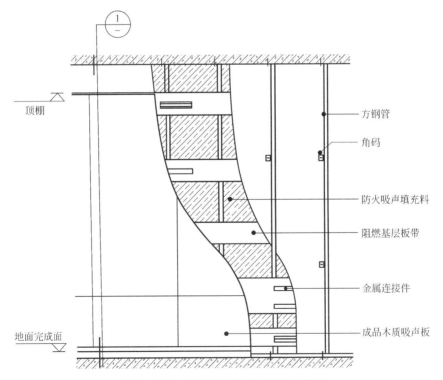

顶棚

地面完成面

方钢管

角码

防火吸声填充料

阻燃基层板带

金属连接件

成品木质吸声板

图 13.2-28　木质吸声板墙面做法示意图

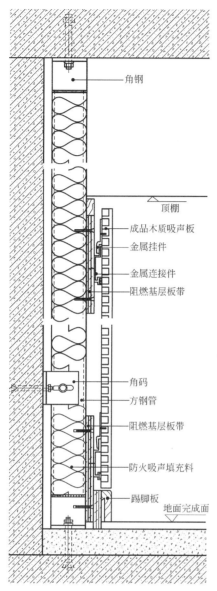

图 13.2-29　木质吸声板墙面做法节点详图　　　图 13.2-30　木质吸声板墙面做法三维示意图

13.2.17　软包墙面做法

（1）软包墙面要求必须横平竖直、不得歪斜、尺寸必须准确等。然后按照设计要求进行用料计算和底材（填充料）、面料套裁工作。要注意同一墙面、同一图案与面料必须用同一卷材和相同部位（含填充料）套裁面料。

（2）粘贴面料时，首先裁切与设计要求相同规格的板材，订制边框，内填超细玻璃丝棉，裁切布料、花纹及纹理方向按要求对好，用钉子固定在预制木板上，做成标准规格的软包块，用射钉把预制块按由上至下的方式固定在基层板上，如图 13.2-31～图 13.2-33所示。

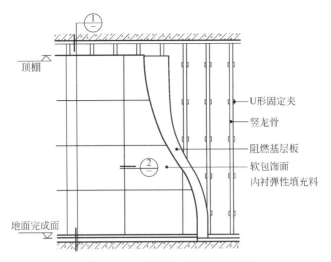

图 13.2-31　软包墙面做法示意图

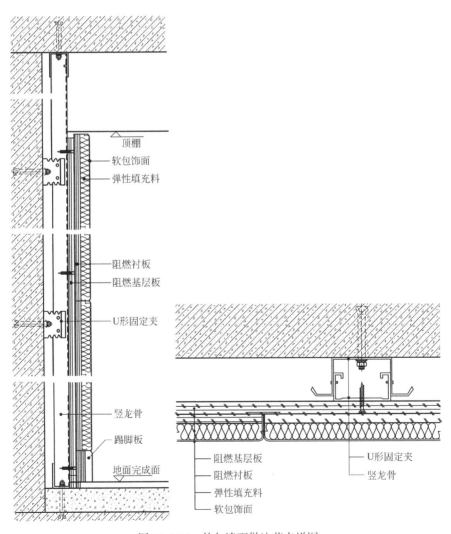

图 13.2-32　软包墙面做法节点详图

图 13.2-33　软包墙面做法三维示意图

（3）软包墙面的弹性填充料厚度及面积，按照《建筑内部装修设计防火规范》GB 50222—2017 的规定执行。

13.2.18　金属单板墙面做法

（1）施工前应检查所选用的金属装饰板及型材是否符合设计要求，规格是否齐全，表面有无划痕，有无弯曲现象。所选用的材料最好一次进货，可保证规格型号统一、色彩一致。

（2）金属装饰板的角钢固定件、竖向龙骨应进行防腐、防锈处理。竖向龙骨间距与金属装饰板规格尺寸一致，减少现场切割，如图 13.2-34、图 13.2-35 所示。

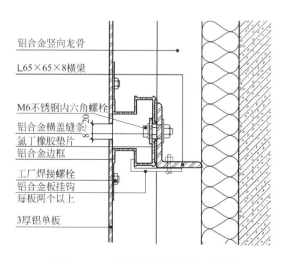

图 13.2-34　金属单板墙面做法示意图

图 13.2-35　金属单板墙面做法三维示意图

（3）金属装饰板的边线膨胀系数，在施工中一定要留足排缝，墙角处铝型材应与板块或水泥类抹面相交，不可直接插在垫层或基层中。施工后的墙面应做到表面平整、连接可靠、无翘起、卷边等现象。

13.2.19　石膏板顶棚暗藏灯带做法

（1）吊顶高低跨转折处，暗藏灯槽与造型处，均需采用金属骨架，并符合相关防火规范要求，如图 13.2-36、图 13.2-37 所示。

（2）暗藏灯槽竖向主龙骨超过 500mm 时需要加斜撑。

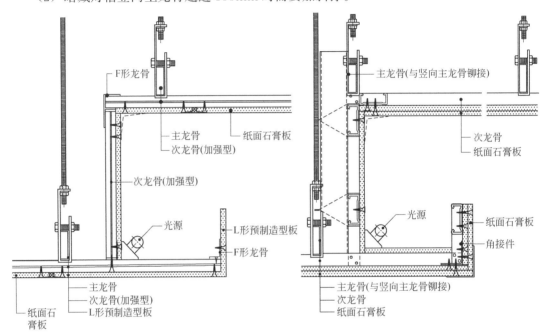

图 13.2-36　石膏板顶棚暗藏灯带做法详图

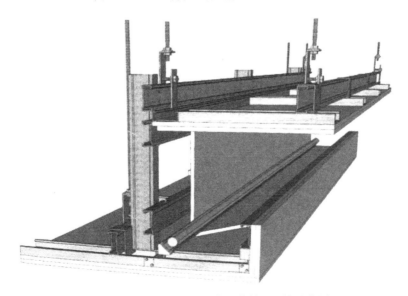

图 13.2-37　石膏板顶棚暗藏灯带做法三维示意图

13.2.20 矿棉板顶棚做法

承载主龙骨、T形主龙骨与T形次龙骨的组合及配件一定要适配成系统。边龙骨可采用L形，W形等收边，吊杆间距不大于1200mm，如图13.2-38～图13.2-40所示。龙骨安装，先根据吊顶高度在墙上放线，根据不同板材拉线确定主、次龙骨位置，并调整平行度、垂直度和直线度。要求龙骨系统稳定牢固。矿棉板上不得放置和安装任何物品。

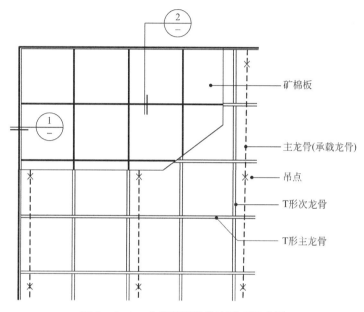

图 13.2-38 矿棉板顶棚做法平面示意图

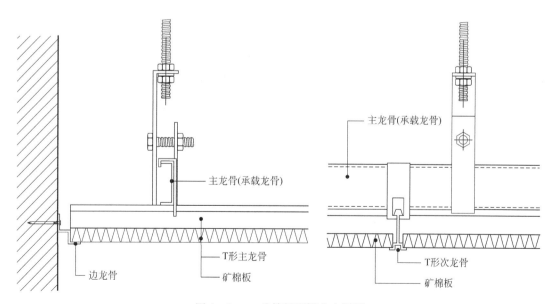

图 13.2-39 矿棉板顶棚节点详图

207

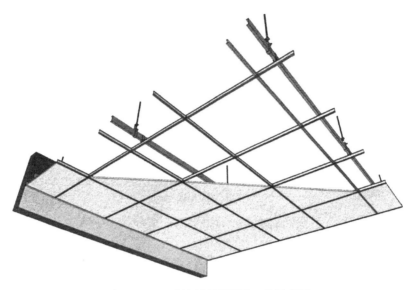

图 13.2-40　矿棉板顶棚做法三维示意图

13.2.21　铝扣板顶棚做法

主龙骨、T形主龙骨与T形次龙骨的组合及配件一定要适配成系统；边龙骨可采用L形、W形等收边；吊杆间距不大于1200mm，如图13.2-41～图13.2-43所示。

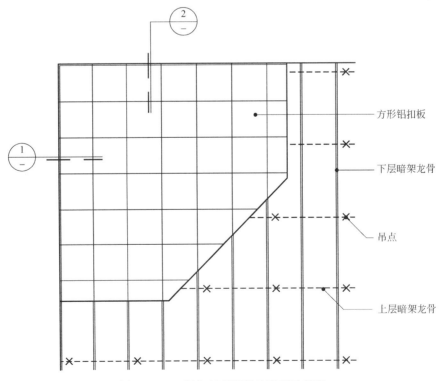

方形铝扣板

下层暗架龙骨

吊点

上层暗架龙骨

图 13.2-41　铝扣板顶棚做法平面示意图

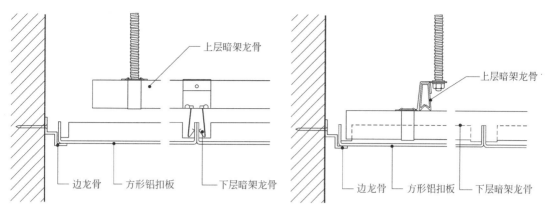

图 13.2-42　铝扣板顶棚节点详图

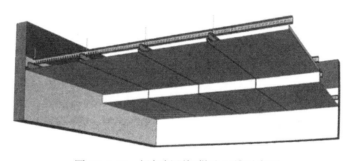

图 13.2-43　铝扣板顶棚做法三维示意图

13.2.22　金属单板顶棚做法

（1）金属板的规格尺寸应参照厂家相关技术要求进行模数化设计，金属板立面转折高度超过 150mm 时需做加强处理。金属板吊顶的边龙骨应安装在房间四周围护结构上，下边缘与吊顶标高线平齐，并按墙面材料的不同选用射钉或膨胀螺栓等固定，固定间距宜为 300mm，端头宜为 50mm，如图 13.2-44 所示。

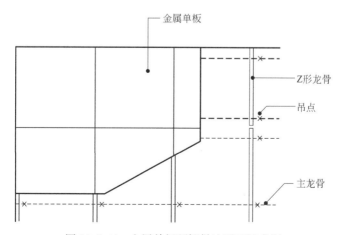

图 13.2-44　金属单板顶棚做法平面示意图

（2）龙骨与龙骨间距不应大于 1200mm。单层龙骨吊顶，龙骨至板端不应大于 150mm。双层龙骨吊顶，边部上层龙骨与平行的墙面间距不应大于 300mm。

（3）当吊顶为上人吊顶，上层龙骨为 U 形龙骨、下层龙骨为卡齿龙骨或挂钩龙骨时，上人龙骨通过轻钢龙骨吊件（反向）、吊杆（或增加垂直扣件）与上层龙骨相连；当吊顶上、下龙骨均为 A 字卡式龙骨时，上、下层龙骨间用十字链接扣件连接。

13.2.23 软膜顶棚做法

（1）光源排布间距与箱体深度以 1：1 为宜，即灯箱深度如为 300mm，光源排布间距也应为 300mm。建议箱体深度控制尺寸为 150～300mm，以达到较好的光效。为光源散热，吊顶（灯箱体）内部应做局部开孔处理，开孔位置建议设置于灯箱体侧面以防尘，同时粘贴金属纱网防虫，如图 13.2-45、图 13.2-46 所示。

（2）设备末端不得直接安装于膜面，如需安装则应自行悬挂于结构顶板或梁上，不得与吊顶体系发生受力关系。当需进行光源维护时，应采取专用工具拆卸膜体。

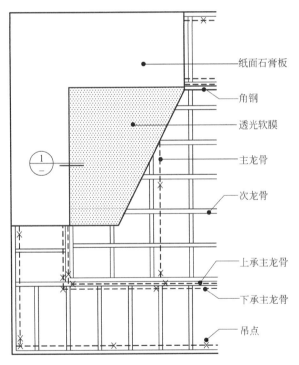

纸面石膏板
角钢
透光软膜
主龙骨
次龙骨
上承主龙骨
下承主龙骨
吊点

图 13.2-45　软膜顶棚做法详图

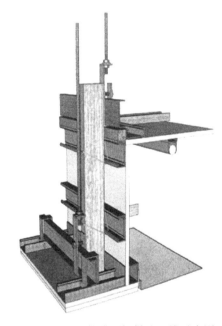

图 13.2-46　软膜顶棚做法三维示意图

13.2.24 吊顶反向支撑做法

当吊杆长度大于 1.5m 时，应设置反支撑。当吊杆与设备相遇时，应调整并增设吊杆，如图 13.2-47、图 13.2-48 所示。

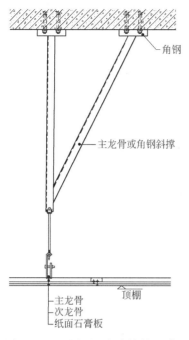

图 13.2-47　吊顶反向支撑做法详图　　　图 13.2-48　吊顶反向支撑做法三维示意图

13.3　建筑地面

13.3.1　水泥砂浆楼梯踏步阳角保护

楼梯踏步护角钢筋采用 φ10 的圆钢筋，取其长度等于楼梯间踏步宽度，护角锚固筋用 φ10 圆钢筋做成八字形成 90° 角，并与踏步护角钢筋焊牢，间距≤400mm 且不少于四道锚固，距护角钢筋端头 50mm。锚固钢筋在踏步的踏面长为 100mm，在踏步的踢面长为 100mm，如图 13.3-1、图 13.3-2 所示。水平安放在找平砂浆表面并保证其平稳。最后进行楼梯面层抹灰，收面压光。

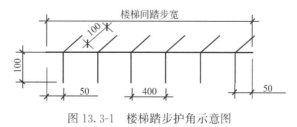

图 13.3-1　楼梯踏步护角示意图

13.3.2　地暖楼地面面层抗裂做法

在楼地面四周墙根位置及设计有特殊要求的位置，粘贴 2cm 厚聚苯板条，作为混凝土地面伸缩缝，在门槛位置或单间边长大于 4m 或超过 30m² 的房间中间事先设置聚苯板伸缩缝，如图 13.3-3、图 13.3-4 所示。当聚苯板伸缩缝遇地暖管时，应将地暖管位置的聚苯板截成缺

211

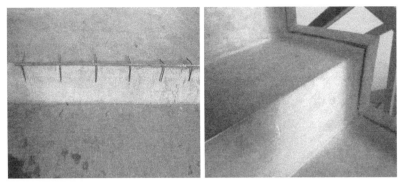

图 13.3-2　楼梯踏步护角实例图

口，以使聚苯板伸缩缝处标高与地面齐平，如图 13.3-5、图 13.3-6 所示。在距混凝土面层 2cm 处，面积小于 $30m^2$ 的，加设玻纤网格布，面积超过 $30m^2$、单边长度大于 4m 及管子密集处，设置 $\phi4$，$50mm \times 50mm$ 的钢丝网片，用来约束混凝土面层的变形，避免裂缝产生。

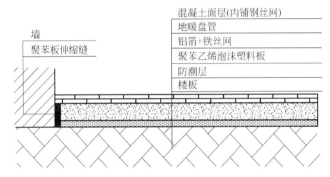

图 13.3-3　地暖楼地面面层抗裂做法详图

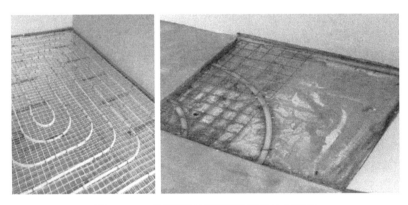

图 13.3-4　地暖楼地面面层抗裂做法实例图

图 13.3-5　地暖管位置聚苯板做法详图

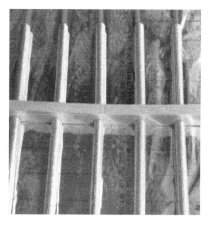

图 13.3-6　地暖管位置聚苯板实例图

13.3.3　室外散水防沉降、开裂做法

考虑建筑美观与设计规范要求，散水找坡在基层完成，基层回填密实，防止沉陷，坡度控制为 3%～5% 为宜。散水外缘高出室外地坪 5cm，混凝土散水应采用原浆压实收光覆盖养护，外缘模板在混凝土初凝前拆除。伸缩缝设置，每 4m 设置一道伸缩缝，在转角处增设 45° 斜缝，缝宽 15mm、深度沿厚度方向应贯通；沿建筑物外墙通长断开设置的沉降缝深度同散水厚度，缝宽为 20mm；宜用柔性防水材料填充密实，防止温度变形、收缩开裂，如图 13.3-7、图 13.3-8 所示。

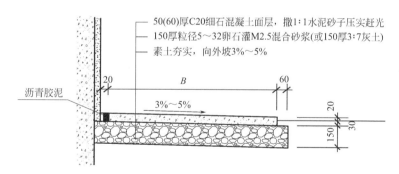

图 13.3-7　室外散水做法示意图

图 13.3-8　室外散水做法实例图

13.3.4 室外散水

散水面层有水泥砂浆面层、石材面层和水泥砂浆面砖镶边等形式。散水应沿建筑物周边交圈设置，坡度为 3‰～5‰。变形分格缝间距不宜大于 4m，转角处应在 45°线上设置变形缝。散水与墙面间应设变形缝，宽度为 20mm，横向及阴阳角转角处宽 15mm，变形缝沿厚度方向应贯通，如图 13.3-9 所示。

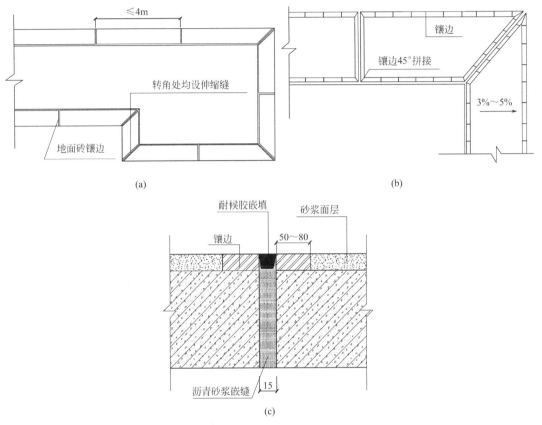

图 13.3-9 室外散水做法详图
（a）水泥砂浆面层散水示意图；（b）水泥砂浆面层散水镶边示意图；
（c）室外散水耐候胶嵌缝示意图

13.3.5 水簸箕

水簸箕选用石材或饰面砖制作。石材与饰面砖加工时，棱角应倒角，云石胶或胶粘剂拼装，应与墙面结合严密，并与水落口中心对应，底部石材宜内高外低，与墙面和屋面交界处应进行打胶封闭，如图 13.3-10、图 13.3-11 所示。

13.3.6 大面积地坪基层抗裂做法

（1）先策划后施工，为防止地坪的不均匀开裂，分块面积不宜过大，按照现场柱距沿柱轴线切真缝。每个施工分仓区为连续或者平行施工，浇筑间隔时间不宜小于 3d。为更好

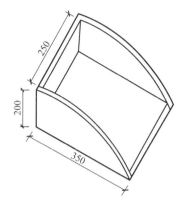
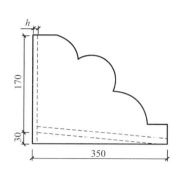

图 13.3-10　石材水簸箕示意图

图 13.3-11　水簸箕实例图

地释放混凝土温度应力及收缩应力，在浇筑混凝土时，按照跳仓浇筑技术进行浇筑施工。

（2）跳仓范围根据前期策划的分块原则进行设置。通过跳仓技术浇筑，能有效地释放混凝土应力，保证混凝土地坪浇筑质量。槽钢模板仅用于分仓处。注意支设模板时应超出分仓缝 2～3cm，拆模后将此部分混凝土上部 3cm 切除，以保持分仓缝的顺直，如图 13.3-12 所示。支撑架间距：按距槽钢端部 250mm、中间部位间距 1000mm 控制。相邻槽钢接缝处粘上海绵条，防止漏浆，以保证施工缝处混凝土的密实。

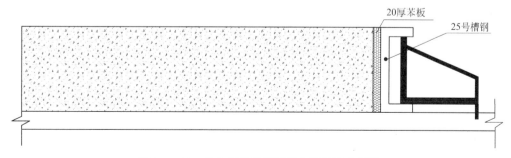

图 13.3-12　分仓缝处槽钢模板支设做法示意图

（3）混凝土浇筑完成 24h 后，即开始用切割机按照轴网，将其分割为相应的分割单元。切割宽度为5mm，深度为30mm。表面切割有效地释放混凝土表面应力，保证了地坪混凝土质量。

（4）虽然采用了跳仓浇筑，使混凝土应力得到一定程度的释放，但是混凝土应力释放是一个很漫长的过程。为此，在施工缝位置设置抗裂拉杆。抗裂拉杆为：圆钢20@500，长度为600mm，两边各预留300mm，间距为500mm。在混凝土浇筑前，在施工缝两侧预留，如图13.3-13所示。

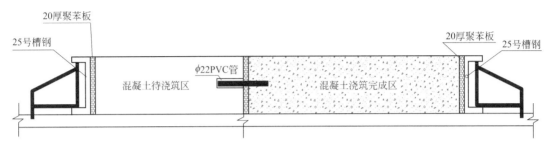

图13.3-13 施工缝位置抗裂拉杆做法示意图

（5）为防止墙边、柱边混凝土面层开裂，减少混凝土在此部位的外力约束，在距结构墙边、柱边四周设置一圈分格缝，分格缝采用10mm厚聚苯板固定设置在墙、柱边。

（6）振捣：使用插入式振捣棒和平板式振捣器进行振捣作业。混凝土振捣后水平仪检测模板水平情况，对偏差部分进行调整。

（7）混凝土面的整平采用专门制作的混凝土整平梁架进行，采用L50角钢焊接制作，将小型振动器放在振捣梁架上。施工完用3m长的铝合金刮尺将混凝土刮平，待混凝土沉实后对低凹处适当填补混凝土，然后用木抹子搓平压实，再进入面层（如金刚砂）施工工艺。

（8）卸模及边缘混凝土切除：卸模可在耐磨材料地坪完成后第二天进行。卸模作业时应注意不损伤地台边缘。

13.3.7 大面积地坪分格缝填充做法

（1）大面积地坪施工时，宜根据地坪配筋与否及设计要求设置不大于4000mm×4000mm的分格缝，缝宽不大于20mm。分格缝可采用预留或后切的做法（本做法仅讨论预留做法）。施工时需注意控制预留缝的线型和深度，做好成品保护，确保分格缝无破损，后期地坪不开裂。

（2）做法详解：

1）地面基层找平，预留分格缝安装位置，预留分格缝可采用成品Y字形镀锌铁皮栏板或10mm厚挤塑聚苯板，两侧用同强度等级砂浆固定。

2）地坪混凝土浇筑，养护。

3）将预留的分格缝渣用高压吹风机清理干净并用沥青橡胶聚合物灌封胶灌封（若为预留挤塑聚苯板，需将塑聚苯板全部清理干净后填充），如图13.3-14所示。

13.3.8 水泥砂浆踢脚线做法

（1）选材要求：采用1cm U形塑料槽。

图 13.3-14　大面积地坪分格缝填充做法实例图

（2）具体做法：

1）将 U 形塑料槽一侧切除剩余 L 形，将 L 形塑料槽一边与墙面上踢脚线上口的弹线对齐，并粘贴在墙面上。如图 13.3-15 所示；

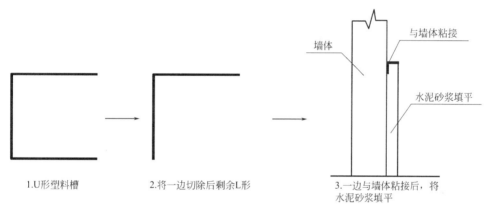

1.U形塑料槽　　　　　　2.将一边切除后剩余L形　　　　3.一边与墙体粘接后，将
　　　　　　　　　　　　　　　　　　　　　　　　　　　水泥砂浆填平

图 13.3-15　踢脚线做法示意图

2）涂刷 1∶0.5 素水泥结合层。

3）水泥砂浆打底，上面依次压实收光与 L 形槽边平齐。

4）踢脚线实体要求：注重养护，无空鼓裂缝，线宽窄一致，界限明显。

5）踢脚线上部墙体涂料时，踢脚线上端应贴美纹纸，避免交叉污染，如图 13.3-16 所示。

13.3.9　水泥砂浆面层直行坡道凹槽做法

（1）坡道上可镶花岗岩防滑条，也可做金刚砂防滑条或混凝土防滑条。

（2）水泥砂浆面层坡道凹槽做法（适用于直行坡道）不易造成空鼓、开裂、行车相对比较平稳。施工时应满足以下要求：

1）先施工坡道面、踢脚线，再施工中部的防滑凹槽面层，便于凹槽放样和施工脚踏。

2）坡道凹槽底部不应低于坡道面，否则不利于排水和清扫，如图 13.3-17 所示。

3）凹槽采用 DN25 镀锌管压制，间距及凹槽两端距踢脚线的距离 200mm 为宜。

图 13.3-16　水泥砂浆踢脚线做法实例图

图 13.3-17　水泥砂浆面层直行坡道凹槽做法实例图

13.3.10　设备基础排水沟做法

（1）设备房如采用细石混凝土作为面层，为保护主排水沟阳角在使用中不被破损，可采用与水箅子相匹配规格的角钢作为护角，也便于水箅子安装与拆卸。先安装角钢，再进行地面混凝土面层施工，确保两侧角钢间距准确和混凝土间无缝。

（2）根据标准图集规范要求确定排水沟的形式。设备四周小排水沟应提前策划，施工成嵌入地面的形式，避免地面施工后在地面上进行明装补救，不利于行走。设备四周PVC 排水沟先冲筋埋设，再进行地面面层施工。埋管时，与混凝土接触面必须预先打磨，确保施工后 PVC 与粘结层不空鼓，如图 13.3-18 所示。

图 13.3-18　设备基础排水沟做法实例图

13.3.11　电缆沟及高低压配电间挡鼠板做法

（1）电缆沟细部做法：

1）选材要求：根据施工图纸选择电缆沟的施工做法。

2）具体做法：为避免电缆沟花纹钢盖板铺设后与地面造成不平，宜在电缆沟侧面埋设角钢时内侧面焊接 $\phi 6$ 圆钢，地面面层与圆钢上部平齐。角钢与圆钢焊接时应采用地面侧单面焊，双面焊易引起盖板铺设不平整，如图 13.3-19 所示。

3）实体要求：电缆沟尺寸准确，抹灰平整且无空鼓，如图 13.3-20 所示。

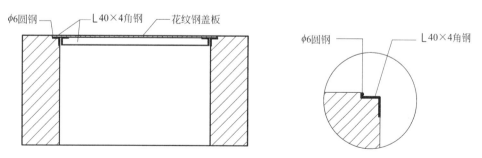

图 13.3-19　电缆沟做法示意图

（2）挡鼠板做法：

1）选材要求：高低压配电间通向外界的门口设置挡鼠板。

2）由挡鼠板主板面和卡槽构成，外观可见部分为铝合金定制，且贴有黄黑色的反光警示贴。卡槽高度和挡板高度一致，一般为 500mm。中间挡板厚度约 25mm，挡鼠板长度根据使用门的具体宽度决定。卡槽厚度约 40mm，宽度为 30mm，如图 13.3-21 所示。

图 13.3-20 电缆沟做法实例图

图 13.3-21 挡鼠板做法实例图

13.3.12 地砖地面与墙柱面接缝处理

在柱子转角处，波打线和踢脚板要切 45°斜角，达到与柱子阳角对缝，如图 13.3-22 所示。

13.3.13 卫生间墙面、地面砖对缝处理

墙面、地面饰面材料的选材规格需要考虑卫生间尺寸、墙砖与地砖对缝要求。墙砖、

图 13.3-22　地砖地面与墙柱面接缝处理实例图（一）

地砖铺贴砖缝宽窄一致。墙面开关、插座高度一致，尽量在砖中间设置。墙砖与地砖界线打胶处理。饰面砖接缝应平直、光滑，填嵌应连续、密实，缝宽度和深度应一致，如图 13.3-23 所示。

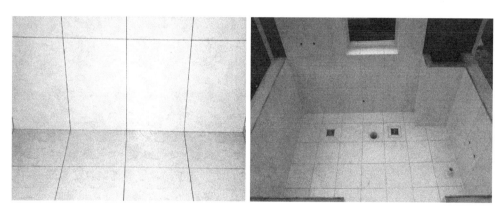

图 13.3-23　地砖地面与墙柱面接缝处理实例图（二）

13.3.14　卫生洁具安装对称布置

地砖规格选择需要依据小便器、蹲便器给水管道预留口位置。小便器、蹲便器给水管道穿楼板洞口开孔需要考虑地砖规格或依据排版图进行。洁具安装完成面需要高出地面 5mm；蹲便器周围可采用马赛克（锦砖）收边，也可采用色砖过渡处理，如图 13.3-24、图 13.3-25 所示。

13.3.15　卫生间地漏设置

地面瓷砖、石材铺贴要坡向正确，地面无积水。地漏的设置要居砖中间，设置 45°切割缝，如图 13.3-26、图 13.3-27 所示。地漏等穿越楼板的管道根部应用密封材料嵌填密实。

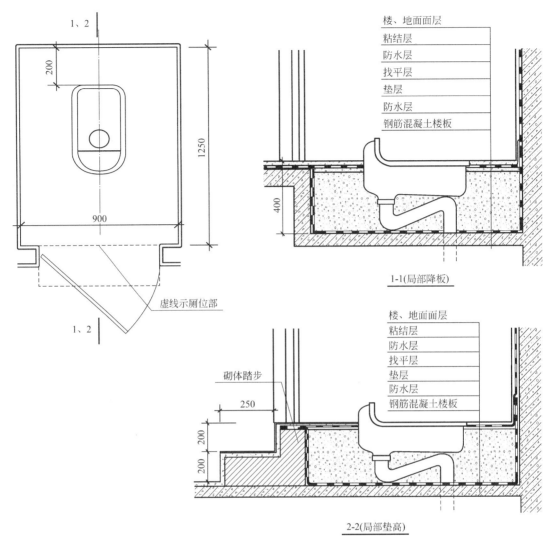

1、2

200

1250

900

虚线示厕位部

1、2

楼、地面面层
粘结层
防水层
找平层
垫层
防水层
钢筋混凝土楼板

400

1-1(局部降板)

楼、地面面层
粘结层
防水层
找平层
垫层
防水层
钢筋混凝土楼板

砌体踏步

250

200

200

2-2(局部垫高)

图 13.3-24　卫生洁具安装示意图

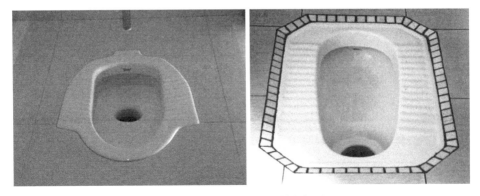

图 13.3-25　卫生洁具安装实例图

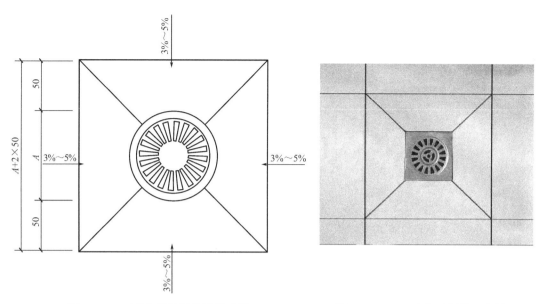

图 13.3-26 卫生间地漏设置示意图　　　　　　图 13.3-27 卫生间地漏设置实例图

13.3.16　卫生间台盆安装

卫生间台盆安装正确，高度标高 800mm，台盆下存水弯头排列整齐，标高一致；台盆与台面间缝隙打玻璃胶，打胶要均匀，顺直；台盆托架焊接牢固，托架及焊点均需进行防锈处理，如图 13.3-28、图 13.3-29 所示。

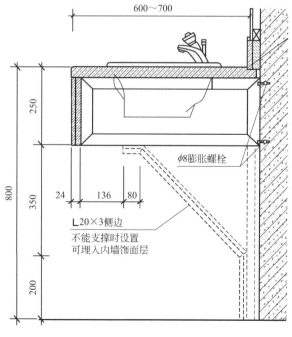

图 13.3-28　卫生间台盆安装示意图

图 13.3-29　卫生间台盆安装实例图

13.4　门窗工程

13.4.1　外门窗打胶质量控制

（1）外门窗周边应保证合理的胶缝间隙（5～8mm），打胶作业应在洁净工作间进行，注胶前要清洁型材和玻璃与硅胶的结合面，注胶及养护应在温度适宜的环境中作业（5～40℃），保证密封胶与玻璃、铝材有良好粘结。

（2）打胶时应注意清洁注胶槽口及基层，并在保证干燥的前提下打胶。

（3）打胶所用材料必须符合图纸设计要求，宜采用中性硅酮密封胶，严禁在涂料面层上直接打胶，如图 13.4-1 所示。

（4）施打密封胶应保证连续、光滑、粘结牢固，不得有气泡、开裂和脱胶现象。

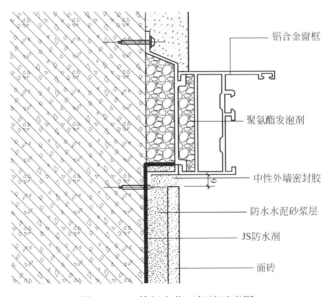

图 13.4-1　外门窗收口打胶示意图

13.4.2 门窗框与洞口填充处理做法

现场施工中往往存在门窗框与预留洞口存在不同误差的缝隙，以窗副框与洞口的缝隙处理为例，预先制作掺加玻璃纤维的 L 形砂浆试块（具体尺寸根据现场缝隙确定），用专用粘贴将 L 形砂浆块填塞于副框与洞口之间，用发泡胶或聚合物砂浆填堵副框、预制砂浆块缝隙；后在预制砂浆块上挂耐碱纤维网格布，用 15mm 厚 1∶3 专用抗裂砂浆抹面，如图 13.4-2、图 13.4-3 所示。

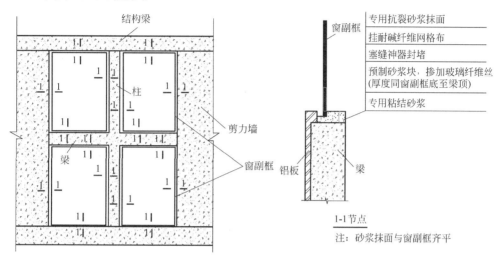

图 13.4-2　门窗框与洞口填充处理做法示意图

图 13.4-3　门窗框与洞口填充处理做法实例图

13.4.3 卫生间等多水部位门套防潮做法

多水房间木质门套离地 15～20cm，换用石材等其他耐水防潮材料制作门套，如图 13.4-4 所示。对石材下口及背面做好防返碱背涂处理，内衬龙骨采用钢制材料，防止受潮、起锈。对与地面及木门框上部相接部位做好打胶处理，防止潮气渗入。

13.4.4 木门安装做法要点

（1）量出框口净尺寸，考虑留缝宽度。

图 13.4-4　卫生间等多水部位门套防潮做法实例图

（2）双扇门应先做打叠高低缝，并以开启方向的右扇压左扇。

（3）试装门扇时，应先用木楔塞在门扇的下边，再检查缝隙并注意窗楞和玻璃芯是否平直对齐，合格后画出合页的位置线，剔槽装合页。

（4）门扇安装前应在门扇上、下冒头各刷一底一面油漆，防止下口油漆漏刷。

（5）门框和厚度大于 60mm 的门应用双榫连接。榫槽应采用脚镖严密嵌合，并应用胶楔加紧。

（6）合页应开槽严密，木螺钉旋槽方向一致，铰链安装时应"固三挑二"即铰链中轴分配为三段在门框，两段在门扇，安装后必须灵活，如图 13.4-5 所示。

图 13.4-5　木门安装做法实例图

（7）门拉手应位于门扇中线以下，采用不锈钢门拉手，距地面 1.05m。

（8）木门框安装应在抹灰前进行，门扇安装宜在抹灰后进行。如必须先安装时，应注意对成品的保护，防止碰撞和污染。

13.4.5　钢制防火卷帘门安装质量控制

（1）帘板、导轨、门楣、卷轴等部位的表面不允许有裂纹、压坑及较明显的凹凸、锤痕、毛刺、空洞等缺陷，如图 13.4-6 所示。

图 13.4-6　钢制防火卷帘门安装实例图

（2）焊接处应牢固，外观平整、不允许有夹渣、漏焊等现象。

（3）零部件的外漏表面，必须做防锈处理，其涂层、镀层应均匀，不得有斑驳现象。

（4）安装卷帘门的洞口上部不得设有通风管、水管等。

（5）卷帘门安装好后，安装吊顶，吊顶边缘应离帘板 50mm，以免摩擦。

13.4.6　石材装饰面门消火栓箱安装

（1）内衬板面层为铝塑板或玻镁板灰色喷漆处理。

（2）内部用热镀锌方钢作为龙骨，内衬龙骨用木工板刷防火防腐涂料包起，如图 13.4-7、图 13.4-8 所示。

（3）消火栓箱门关上后跟周围的材料无间隙。

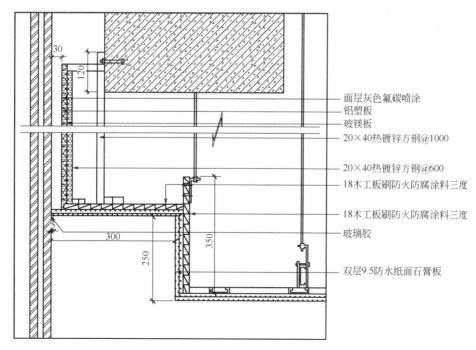

图 13.4-7　消防箱上口封堵示意图

图 13.4-8 石材装饰面门消火栓箱安装实例图

14 机电安装工程

14.1 电气工程

14.1.1 穿墙管道、桥架封堵做法

先按照管道（桥架）规格及已完成装饰面层的厚度切割套管，砌体套管安装前，内外刷防锈漆后套入管道并安放于各个洞口处，用木楔、油麻固定，使套管与管道同心，套管与墙面平齐，用石棉绳填塞套管两边的间隙，洞口修补完成后安装装饰圈，如图 14.1-1、图 14.1-2 所示。

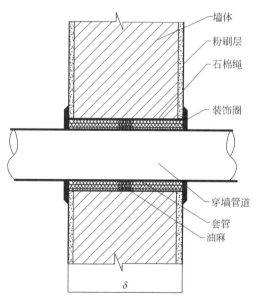

图 14.1-1 穿墙管道封堵做法示意图

14.1.2 配电室接地母线安装做法

用扁钢制作接地母线支架，支架末端加工成燕尾形，埋设深度不小于 50mm，出墙平直端长度为 10～15mm，上弯立面长度为 40mm。支架安装间距为 1m，离地高度为 300mm。接地母线搭接长度大于等于母线宽度的 2 倍且三面施焊。转角部位搣制成圆弧形，搣弯半径 $R \geqslant 100$mm。接地母线应刷 45°斜向黄绿相间标识油漆，条纹间距 100mm，如图 14.1-3～图 14.1-5 所示。

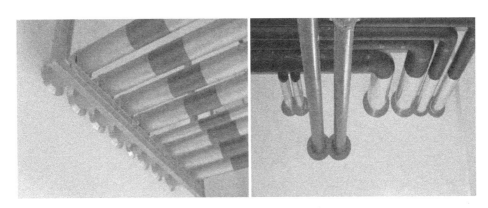

图 14.1-2 穿墙管道封堵做法实例图

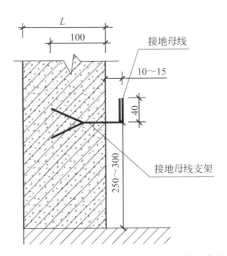

图 14.1-3 配电室接地母线支架安装示意图

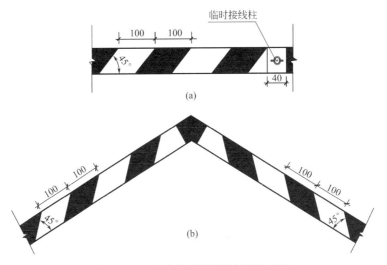

图 14.1-4 配电室接地母线标识示意图

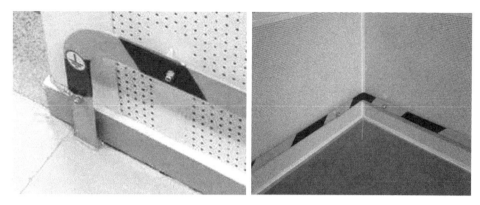

图 14.1-5 配电室接地母线转角部位做法实例图

14.1.3 吊顶内电线管敷设

（1）吊顶内各种管线应有一个总体规划，水、电、风管道应统一考虑，综合布局。

（2）结构施工时配合土建，按设计图纸做好顶板及墙内管路预埋、吊架预埋件的安装如图 14.1-6 所示。

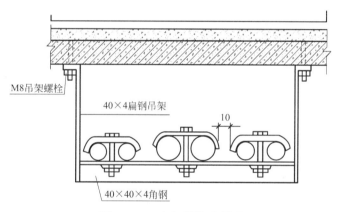

图 14.1-6 支架敷设示意图

（3）固定封闭吊顶按暗配管敷设。正常吊顶内的管线安装宜按明装施工沿支架敷设，明配管的施工质量要求要做到横平竖直、间距均匀、避免交叉。管卡固定点间距应符合规范要求，并要跨接正确、接地良好、油漆到位。电气管线尽量在热力管道下面，并保持一定的距离。同一走向的一束管线宜采用共用支架和共用拉线成排敷设，如图 14.1-7 所示。

（4）支架制作要做到结构正确、机械加工、焊接良好、防腐到位，安装要做到布置合理、位置正确、安装牢固、标高一致，油漆表面平整均匀。

（5）镀锌电线导管采用丝扣连接或套管焊接。严禁对口焊接，镀锌和壁厚 2mm 或以下的钢导管不得采用套管熔焊连接。

（6）非镀锌金属导管敷设前应先进行防腐处理，钢管与盒（箱）采用丝扣连接时，为了管路敷设系统接地良好、可靠，应做整体接地连接。

（7）切断处应平整光滑、无毛刺，端面应和管轴向呈垂直状态。

图 14.1-7 共用支架敷设实例图

（8）配管弯曲半径不宜小于管外径的 6 倍，一个弯为 4 倍。弯头应呈圆弧曲线，不得有起褶、开裂现象，弯扁度不大于管直径的 10%。

（9）吊顶内管子穿过建筑物伸缩缝、沉降缝时应有补偿装置。

14.1.4 屋顶风机电源管敷设做法

（1）风道出墙或楼板要采用柔性连接。

（2）做屋面防水层之前，暖通专业要提供屋顶风机的基础做法图，并配合土建专业浇筑风机基础，把风机的电源管和控制回路的电线管敷设在屋顶隔热保温层内。

（3）风道与设备的软连接采用不燃的三防布，长度 15～250mm，并且两端要进行电气跨接。所有连接螺栓的长度、朝向应一致，如图 14.1-8 所示。

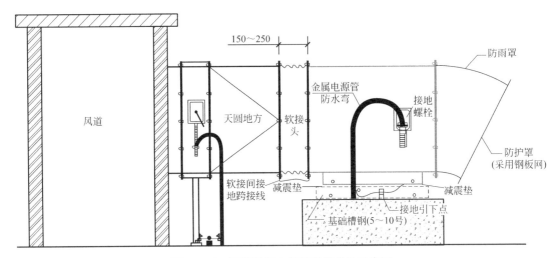

图 14.1-8 屋顶风机电源管敷设做法示意图

（4）设备主体要做好主接地。动载设备与底座间要有减振措施。

（5）电源线管一般采用金属软管或卡普利管，要做成鸭脖形滴水弯。电源管要与设备跨接。电机电源端部要有防水弯，金属软管采用包塑的，长度不超过 80cm，如图 14.1-9 所示。

（6）在电源管处预埋一根 40mm×4mm 接地扁钢，在金属风管软接处采用截面积 ≥4mm² 的软线或铜编织带及时做好接地跨接。

（7）与设备上消防模块连接的消防信号线要用专用卡具连接，防止脱落。

（8）风道支架根部要做防腐台。设备风口处要有百叶，上部要安装挡雨罩。

图 14.1-9 屋顶风机电源管敷设做法实例图

14.1.5 桥架伸缩节做法

（1）当桥架经过建筑物伸缩缝或桥架直线长度大于 30m 时，应设置伸缩节，并设置在伸缩缝位置或直线长度的中间；伸缩节两侧各设置一个支架，支架与伸缩节端部距离不大于 500mm。

（2）伸缩节补偿收缩衬板应设在伸缩节外侧，衬板螺栓孔应开成条形孔，衬板长度为两个连接板长度之和加 30mm，双螺母应位于桥架外侧，且不能拧紧，以保证自由伸缩，如图 14.1-10、图 14.1-11 所示。

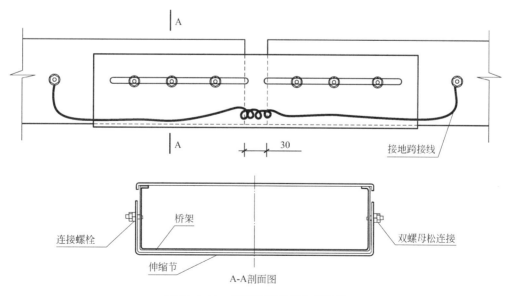

图 14.1-10 桥架伸缩节做法示意图

（3）伸缩节两端桥架应采用软铜线做接地跨接，接地线中间应留有余量。

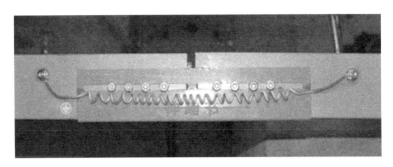

图 14.1-11　桥架伸缩节做法实例图

14.1.6　联合支架做法

（1）根据管道的数量、管径、走向、空间布局选用合适的支架形式。下料应采用切割机，用台钻钻螺栓孔，孔径为螺栓直径+2mm，如图 14.1-12 所示。

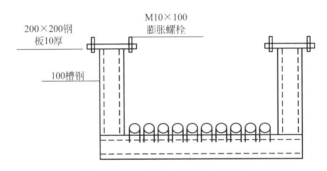

图 14.1-12　联合支架做法示意图

（2）型钢切割面应打磨光滑，端部倒圆弧角，倒角半径为型钢端面边长的 1/3～1/2，支架拐角处应采用 45°拼接，拼接缝采用焊接，焊接应饱满、打磨光滑。

（3）支架应先刷防锈漆两道，再刷灰色面漆两道，埋地支架埋入部分及地面以上 50mm 内刷防锈漆两道后再刷沥青防腐面漆两道。

（4）支架宜优先采用预埋钢板焊接安装固定，预埋件与墙面交接处应处理干净。

（5）支架固定采用后置钢板膨胀螺栓时，螺栓距钢板边沿尺寸应为 25～30mm，螺栓根部应加垫片，外露支架的螺栓宜采用圆头螺母收头。

（6）成排支架标高、形式、朝向应一致，支承面应为平面，如图 14.1-13 所示。

14.1.7　配电柜上部排线做法

（1）配电柜安装完成后，安装柜上方的桥架。

（2）配电柜进出电缆开孔位置由供货方按尺寸预留，电缆敷设完成后封闭。

（3）桥架与柜内接地母排用专用接地线可靠接地。

（4）桥架与配电箱（柜）连接处采用橡胶板连接，以保护导线和电缆，桥架与配电柜连接见图 14.1-14。

图 14.1-13　联合支架做法实例图

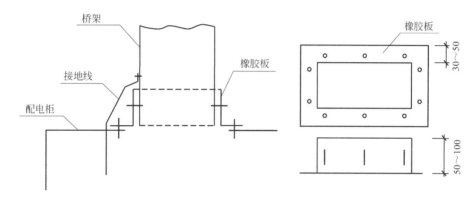

图 14.1-14　桥架与配电柜连接示意图

（5）配电柜上部排线需核算配电柜距顶板的净空，确保上部有足够的空间安装金属线槽且应预留足够的检修操作空间，布线应平直、整齐、统一，走线合理，接点不得松动，便于检查和检修；走线通道应尽可能少，且横平竖直，如图 14.1-15 所示。

图 14.1-15　配电柜上部排线实例图

（6）同一通道中的导线要分类集中，单层平行密排或成束时应紧贴敷设面，同一层次的导线应高低或前后一致，不能交叉。

235

14.1.8 接地端子蝴蝶卡做法

（1）接地线与接地体连接应采用焊接，安全保护地线（PE）与接地端子板连接应可靠不松动，连接处应有防松动或防腐蚀措施。

（2）接地线与金属管道等自接地体连接应采用焊接，焊接有困难时采用卡箍连接，应有良好导电性和防腐措施，总等电位联结系统图见图14.1-16。

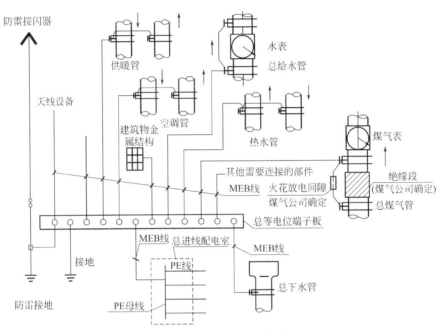

图 14.1-16　总等电位联结系统图

（3）室内暗敷（混凝土墙或砖墙内）接地干线两端应有明露部分并设置接线端子盒。

（4）接地端子沿建筑物墙壁水平敷设或在墙上安装接地端子时，距地面高度宜为250～300mm；与建筑物墙壁间的间隙宜为10～15mm，并均匀涂刷15～100mm宽度相等的黄绿相间条纹标志漆，蝴蝶卡与接地端子铜排应固定牢固、不松动、不脱落，如图14.1-17所示。

图 14.1-17　接地端子蝴蝶卡做法实例图

14.2 给水排水及供暖工程

（1）地暖管弯头两端宜设固定卡；固定间距必须满足直线段固定点间距，宜为0.5～0.7m，弯曲管段固定点间距宜为0.2～0.3m，如图14.2-1所示。

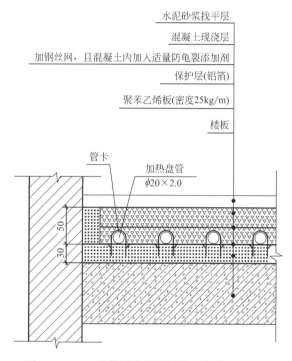

图14.2-1 地暖管固定及面层防开裂做法示意图

（2）一个回路用一盘整管且地面下敷设的盘管埋地部分不应有接头，地暖管用扎带和卡钉与面层钢丝网片固定牢固，严禁有翘起，如图14.2-2所示。

图14.2-2 地暖工程地暖管固定、面层防开裂做法实例图

14.3 通风与空调

14.3.1 风管制作安装

（1）风管无明显扭曲与翘角；表面应平整，凹凸不大于 10mm。

（2）风管外径或外边长≤300mm 时允许偏差为 2mm，>300mm 时允许偏差为 3mm；管口平面度允许偏差为 2mm，圆形风管任意正交两直径之差不大于 2mm，矩形风管两对角线长度之差不大于 3mm，如图 14.3-1 所示。

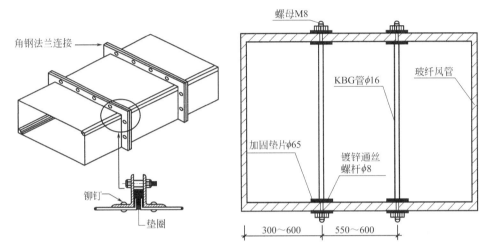

图 14.3-1　风管制作安装示意图

（3）风管法兰的垫片材质应符合系统功能的要求，厚度不应小于 3mm。垫片不应凸入管内。

（4）金属风管与配件的咬口缝应紧密、宽度一致；折角平直，圆弧均匀；两端面平行，如图 14.3-2 所示。

图 14.3-2　风管制作安装实例图

238

14.3.2 管道支吊架做法

（1）根据管道的数量、管径、走向、空间布局选用合适的支吊架形式；下料应采用切割机，用台钻钻螺栓孔，孔径为螺栓直径+2mm。

（2）支架宜采用预埋钢板焊接安装固定，预埋件与墙面交接处应处理干净。支架采用后置钢板膨胀螺栓固定时，螺栓距钢板边沿尺寸应为25～30mm，螺栓根部应加垫片，外露支架的螺栓宜采用圆头螺母收头；成排支架标高、形式、朝向应一致，支承面应为平面，如图 14.3-3～图 14.3-5 所示。

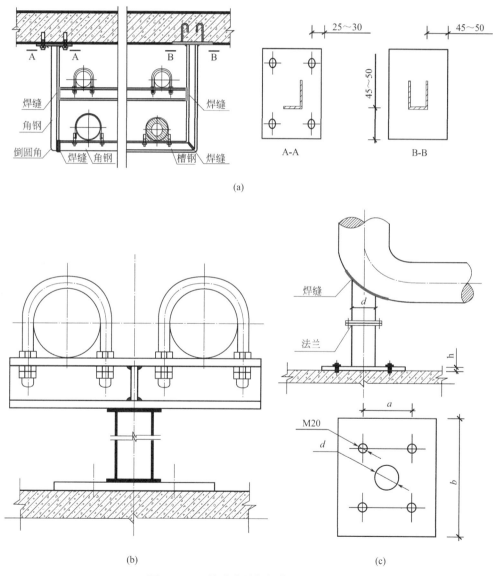

图 14.3-3　管道支吊架制作安装示意图

（a）"Ⅱ"形支吊架；（b）"Ⅰ"形支吊架；（c）弯管托架

图 14.3-4　管道"Ⅱ"形支吊架安装实例图

图 14.3-5　管道"T"形支架安装实例图

（3）弯头支架需根据弯头外形制作曲面支承钢板，托架管中心应与支承板中心一致；将法兰安装在托管高度中间位置，法兰螺栓向下，外露长度为 2～3 丝扣且一致；托架顶部焊接曲面支承钢板，与弯头底部焊接牢固，防锈漆及灰色面漆涂刷均匀、无污染，如图 14.3-6 所示。

（4）立管承重支架根据管道公称直径大小，选择不同厚度的钢板，加工成肋板，校正管道的垂直度，先将肋板底端焊接固定到管道周围的支架上，再将肋板侧面与管道焊接，检查焊缝，再次校正管道垂直度，无误后刷防锈漆、面漆，设计要求保温的进行管道保温，如图 14.3-7 所示。

14.3.3　管道保温及金属保护壳处理

（1）橡塑保温管（板）保温时，管道穿墙、板保温层应连续，用橡塑专用胶粘贴牢固，接缝严密，接缝应放在顶部或正视不明显处，两端与墙面平齐，对接严密平整，两侧加装饰圈保护，装饰圈宽度 20～50mm，如图 14.3-8 所示。

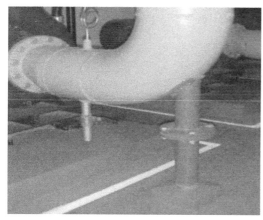

图 14.3-6　弯头支架安装实例图　　　　图 14.3-7　立管承重支架安装实例图

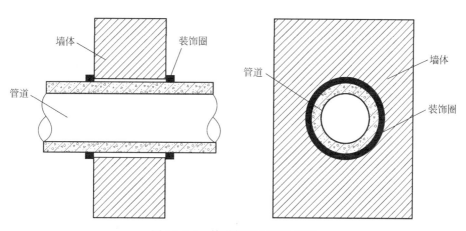

图 14.3-8　管道保温穿墙示意图

（2）在管道与支吊架之间设置管托，管托内径应与管道相匹配，用"U"形卡箍固定在支、吊架上。卡环与管托接触紧密，位于管托宽度中心。橡塑保温管（板）端面应与管托粘结牢固紧密。

（3）弯头保温时，测量管道直径及弧长，外侧放样尺寸为外弧长度加 20～30mm，如图 14.3-9 所示。所有接缝用专用胶水粘结牢固，粘贴接缝应放在弯头内侧。接缝外粘 5mm 橡塑板条封口。

（4）阀门保温时，测量阀门的直径、长度、高度、螺栓外露长度、阀门压盖尺寸、凸出或拐弯等特殊或异形部位尺寸。放样时，保温板总长度为阀门长度、法兰厚度、外露螺栓长度及两端面保温板厚度之和，宽度为绕阀体上法兰周长的放样长度。压盖及其他凸出部位应考虑单独放样。圆面、弧面或圆圈应用划规放样。先用橡塑填料将阀体凹进部位粘贴填平，

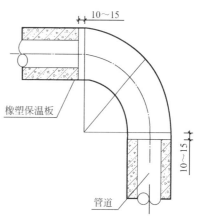

图 14.3-9　弯头橡塑保温示意图

然后将专用胶均匀涂刷于阀体及橡塑板上。封闭的接缝应放在侧面或正视不明显的部位，成排阀门接缝方向应一致，如图 14.3-10、图 14.3-11 所示。

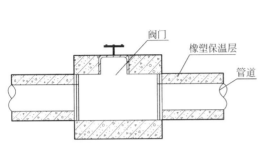

图 14.3-10　阀门橡塑保温示意图　　　　　图 14.3-11　阀门橡塑保温实例图

（5）金属保护壳施工时，保护壳应紧贴绝热层，不得有脱壳、折皱、强行接口等现象。接口的搭接应顺水流方向设置，并有凸筋加强，搭接尺寸为 20～25mm。采用自攻螺钉固定时，螺钉间距应匀称并不得刺破防潮层。弯头保温层保护壳时，测量保温面层直径及弧长，从距弧线端向外 10～15mm 处计算虾弯长度。按照虾弯内弧总长度，平均分配，确定每个虾弯组成节的尺寸进行下料。安装时，每个虾弯从上到下或从左到右咬口方向应一致，虾弯要过渡自然、圆滑平顺，咬口严密无折皱，接缝应放在正视不明显位置，成排虾弯接缝方向一致，每个虾弯组拼节在接缝处不少于两个锚固点，如图 14.3-12～图 14.3-14 所示。

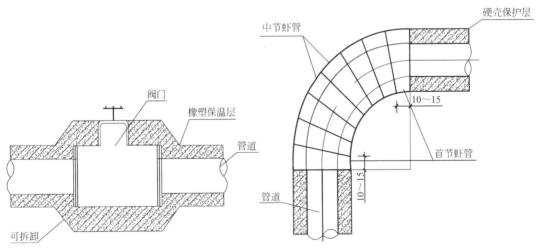

图 14.3-12　阀门保温层保护壳示意图　　　　图 14.3-13　弯头硬壳保护层示意图

14.3.4　管道标识

（1）标识部位应选在宜观察部位。应在便于标识的直线段上，避开管件等部位，成排管道标识应一致。

242

图 14.3-14　管道保温及金属保护壳施工实例图

（2）垂直管道标识在朝向通道侧管道轴线中心，长度不一致的成排管道标识，以满足标识高度的直线段最短管道为基准，如图 14.3-15 所示。

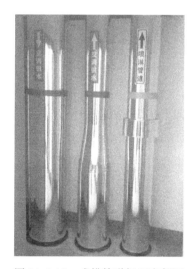

图 14.3-15　成排管道标识实例图

（3）水平管道轴线距地小于 1.5m 时，标识在管道正上方；在 1.5～2.0m 时，标识在正视侧面；大于 2.0m 时，标识在正下方或侧面。

（4）标识内容应反映系统名称及编号、介质流向；标识形式包括颜色、色环、文字、箭头，如图 14.3-16 所示。

（5）文字统一采用黑体加粗字，管径在 80～150mm 时，文字宽 50～60mm；管径大于 150mm 时，文字宽 80～100mm。箭头与文字、文字与文字间距不大于 1 个文字宽度，成排管道标识字体大小应一致。

（6）箭头大小尺寸对照表见表 14.3-1，箭头标识示意图见图 14.3-17。

箭头大小尺寸对照表　　　　　　　　　　　表 14.3-1

管径	L	L_2	H	h
80～150mm	150～180mm	$1.5H$	箭尾/文字宽度	$1/2H$
250～280mm	250～280mm	$1.5H$	箭尾/文字宽度	$1/2H$

图 14.3-16　管道色环标识实例图

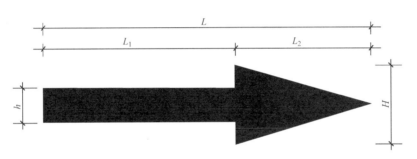

图 14.3-17　箭头标识示意图

（7）单根管道文字置于箭尾；成排水平管道介质流向不一致时，介质流向标识统一放在文字左侧；垂直成排管道介质流向不一致时，介质流向标识统一放在文字上方。竖向文字方向应自上而下，水平文字应自左向右，如图 14.3-18 所示。

图 14.3-18　垂直管道标识实例图

（8）喷漆或粘贴前表面应清理干净、干燥。采用自喷漆时，喷涂应防止污染，周围应保护到位。

14.3.5 风机安装

（1）风机安装水平，应在底座和机壳上放置水平仪进行测量，其水平仪读数不应大于1/1000；机组的铅垂度应在底座和机壳上进行测量，其铅垂度偏差不应大于1/1000，如图14.3-19、图14.3-20所示。

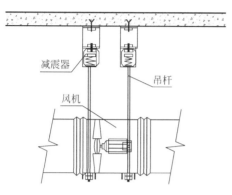

图 14.3-19　吊装风机安装示意图

图 14.3-20　吊装风机安装实例图

（2）通风机的安装面应平整，与基础或平台应接触良好，如图14.3-21、图14.3-22所示；整体出厂的风机搬运和吊装时，绳索不得捆缚在转子和机壳上盖及轴承上盖的吊耳上。

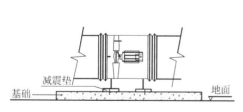

图 14.3-21　落地风机安装示意图

图 14.3-22　落地风机安装实例图

14.4　管道及设备安装与装饰装修工程施工的配合

14.4.1　地下室管线安装

（1）地下室结构施工前，经业主向原设计单位索要各专业电子版设计图，在计算机上安装 CAD 软件及保存电子版设计图纸。

（2）利用 CAD 或三维深化设计软件对安装各专业图纸进行叠加，找出管线碰撞位置。

（3）对于碰撞的管线，调整时应遵循下列原则：

1）应尽量减少弯头个数。

2）集中、平行、美观。

3）宜靠近墙、梁集中合理布设。

4）平行分层布置时，电气桥架、封闭母线应位于蒸汽管道下方，其他管道上方。

5）严禁管线穿越防火卷帘门等设备本体。

6）管线交叉部位，尽量调整标高；保证平直通过，减少翻越。

7）自喷管道布设时，应保证自喷头与梁、风管等的有效间距。

（4）在 CAD 叠加图纸上同一区域将管线上下或左右平行移位，紧凑并拢后确定综合支吊架位置和形式，绘制综合管线布置图（图 14.4-1）及支吊架详图。

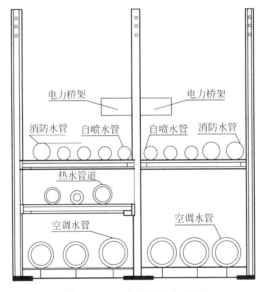

图 14.4-1　综合管线布置图

（5）形成的综合管线布置图及支吊架详图，提交原设计单位确认后实施。

（6）安装各专业应统一按照深化设计图规定的空间位置进行地下室管线施工，如图 14.4-2 所示。

图 14.4-2　综合管线安装实例图

14.4.2 设备间设备、管线安装

（1）在设备、管线参数确定后，设备间机电工程施工前完成深化设计；设备间安装工程施工前，经业主向原设计单位索要各专业电子版设计图纸，在计算机上安装 CAD 软件及保存电子版设计图纸。

（2）利用 CAD 或三维深化设计软件对安装各专业图纸进行叠加，找出管线、设备碰撞位置。

（3）对于碰撞的管线、设备，调整时应遵循下列原则：

1）确定设备尺寸及管线进出口位置。

2）设备基础沿中心线或外边缘、设备沿中心线或底座边缘、立管沿中心线排列整齐，支架、仪表、阀门操作手柄等附件安装高度、朝向一致。

3）管线宜靠近墙、梁集中合理布设。

（4）形成的深化图，原设计单位确认后实施，如图 14.4-3、图 14.4-4 所示。

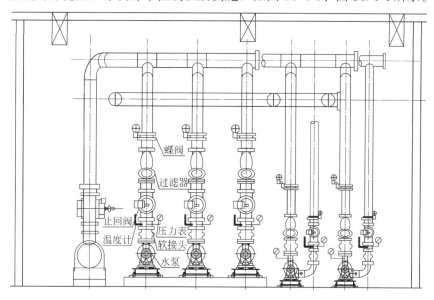

图 14.4-3　泵房深化设计图

图 14.4-4　泵房综合布置实例图

14.4.3 走廊吊顶管线安装

（1）吊顶安装施工前，经业主向原设计单位索要各专业电子版设计图纸，在计算机上安装 CAD 软件及保存电子版设计图纸。

（2）利用 CAD 或三维深化设计软件对安装各专业图纸进行叠加，找出管线、设备碰撞位置。

（3）优先采用共用支架。

（4）对于碰撞的管线，调整时应遵循下列原则：

1）充分利用吊顶空间，提高走廊净空尺寸。

2）设备、管线接头应避开大梁位置，同时考虑贴近吊顶，保证检修空间。

3）电气系统避让水系统，水系统避让风系统，如图 14.4-5、图 14.4-6 所示。

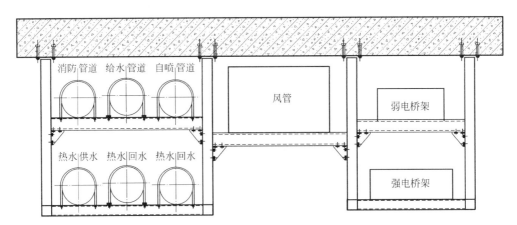

图 14.4-5　走廊吊顶管线综合布置图

图 14.4-6　走廊吊顶管线安装实例图

4）施工难度小的避让难度大的，桥架布设应便于后期电缆敷设。

5）桥架和水管多层水平布置时，桥架应位于蒸汽管道下方、水管上方；温度高的管线在上，无腐蚀介质管线在上，输气在上，输液在下，高中压在上，低压在下，经常检修在下；与吊顶表面末端设施连接的管线宜贴近吊顶，减少交叉。

6）间距要求如下：管道外壁（或保温层的外表面）距墙面或侧边的距离不宜小于150mm，距柱、梁之间的距离宜为50mm，各种管道外壁（或保温层外表面）之间的距离宜为100~150mm。风道的外壁离墙的距离宜为200~300mm。

14.4.4 吊顶器具安装

（1）吊顶工程施工前，经业主向原设计单位索要各安装专业电子版设计图及装饰吊顶设计图，在计算机上安装CAD软件及保存吊顶工程设计图。

（2）利用CAD或三维深化设计软件对吊顶安装图纸进行叠加，找出器具碰撞位置。

（3）器具调整应遵循下列原则：

1）所有器具的中心在一条线上，居走廊或吊顶板块的中心，间距均匀，对称布置，如图14.4-7、图14.4-8所示。

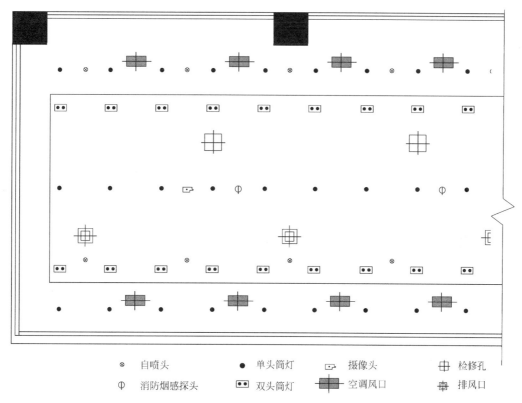

| ⊗ 自喷头 | ● 单头筒灯 | ⊡ 摄像头 | ⊞ 检修孔 |
| Φ 消防烟感探头 | ●● 双头筒灯 | ▨ 空调风口 | ⊞ 排风口 |

图 14.4-7 吊顶综合布置平面图

2）优先满足自喷、消防探测器的位置与间距要求。

3）风口、灯具与消防探测器间的间距为：

探测器至空调送风口边沿的水平距离不应小于1.5m；至回风口边沿的水平距离不应小于500mm；感温探测器距高温光源边沿不应小于500mm，距风扇边沿不小于100mm，距凸出扬声器边沿不应小于300mm；火灾探测器边缘与照明灯具边沿不应小于300mm，与各类自动喷水灭火喷头边沿不应小于300mm；自喷头与灯具间距不应小于300mm。

图 14.4-8　吊顶综合布置实例图

4）所有器具应紧贴吊顶表面。

14.4.5　管井做法

（1）管井安装施工前，根据设计图纸量测管井实际尺寸，用计算机排版。

（2）排布应遵循下列原则：

1）沿墙整齐排列，以保温最终外形尺寸为依据，保持管道间距均匀。

2）优先采用共用支架。

3）同规格管道支架形式、标高应统一。

（3）管道根部应设套管或护墩，套管与管道之间应做防火封堵，如图 14.4-9 所示。

图 14.4-9　管道根部设套管或护墩

（4）管道油漆应光亮，标识应清晰醒目，如图 14.4-10 所示。

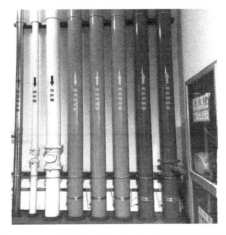

图 14.4-10　管道油漆应光亮，标识应清晰醒目